数控车削加工
实训指导书

SHUKONG CHEXIAO JIAGONG
SHIXUN ZHIDAOSHU

胡晓锋 主 编

沈 敏 朱祖强 副主编

浙江工商大学出版社
ZHEJIANG GONGSHANG UNIVERSITY PRESS

图书在版编目(CIP)数据

数控车削加工实训指导书 / 胡晓锋主编. —杭州：
浙江工商大学出版社，2014.6(2015.2重印)

ISBN 978-7-5178-0519-9

Ⅰ．①数… Ⅱ．①胡… Ⅲ．①数控机床－车床－车削
－加工工艺 Ⅳ．①TG519.1

中国版本图书馆 CIP 数据核字(2014)第 138066 号

数控车削加工实训指导书

胡晓锋 主 编 沈 敏 朱祖强 副主编

策划编辑	谭娟娟
责任编辑	谭娟娟 王玲娜 刘 韵
封面设计	王妤驰
责任印制	包建辉
出版发行	浙江工商大学出版社
	(杭州市教工路 198 号 邮政编码 310012)
	(E-mail:zjgsupress@163.com)
	(网址:http://www.zjgsupress.com)
	电话:0571－88904980,88831806(传真)
排 版	杭州朝曦图文设计有限公司
印 刷	绍兴虎彩激光材料科技有限公司
开 本	787mm×1092mm 1/16
印 张	7
字 数	162 千
版印次	2014 年 6 月第 1 版 2015 年 2 月第 2 次印刷
书 号	ISBN 978-7-5178-0519-9
定 价	23.00 元

《数控车削加工实训指导书》编委会

主　　编　胡晓锋

副 主 编　沈　敏　朱祖强

编　　委　胡晓锋　沈　敏　朱祖强　黄哲焕

目　录

项目一　数控车床编程与操作基础

项目二　简单轴类零件的加工

项目三　复杂轴类零件加工

项目四　套类零件的加工

项目五　典型零件加工

项目一　数控车床编程与操作基础

任务一　数控车床的安全使用常识

一、了解数控车床安全操作规程

(1)操作机床前,必须紧束工作服,女生必须戴好工作帽,严禁戴手套操作数控车床。

(2)通电后,检查机床有无异常现象。

(3)刀具要垫好、放正、夹牢;安装的工件要校正、夹紧,安装完毕应取出卡盘扳手。

(4)换刀时,刀架应远离卡盘、工件和尾架;在手动移动拖板或对刀过程中,在刀尖接近工件时,进给速度要小,移位键不能按错,且一定注意按移位键时不要误按换刀键。

(5)自动加工之前,程序必须通过模拟或经过指导教师检查,正确的程序才能自动运行,加工工件。

(6)自动加工之前,确认起刀点的坐标无误;加工时要关闭机床的防护门,加工过程中不能随意打开。

(7)数控车床的加工虽属自动进行,但仍需要操作者监控,不允许随意离开岗位。

(8)若发生异常,应立即按下急停按钮,并及时报告以便分析原因。

(9)不得随意删除机内的程序,也不能随意调出机内程序进行自动加工。

(10)不能更改机床参数设置。

(11)不要用手清除切屑,可用钩子清理;发现铁屑缠绕工件时,应停车清理;机床面上不准放东西。

(12)机床只能单人操作;加工时,决不能把头伸向刀架附近观察,以防发生事故。

(13)工件转动时,严禁测量工件、清洗机床、用手去摸工件,更不能用手制动主轴头。

(14)关机之前,应将溜板停在 X 轴、Z 轴中央区域。

二、数控机床日常维护保养常识

1. 安全规定

(1)操作者必须仔细阅读和掌握机床上的危险、警告、注意等标识说明。

(2)机床防护罩、内锁或其他安全装置失效时,必须停止使用机床。

(3)操作者严禁修改机床参数。

(4)机床维护或其他操作过程中,严禁将身体探入工作台下。

（5）检查、保养、修理之前，必须先切断电源。

（6）严禁超负荷、超行程、违规操作机床。

（7）操作数控机床时思想必须高度集中，严禁戴手套、扎领带和人走机不停的现象发生。

（8）工作台上有工件、附件或障碍物时，机床各轴的快速移动倍率应小于 50％。

2. 日常维护保养

设备整体外观检查，机床是否有异常情况，保证设备清洁、无锈蚀。检查液压系统、气压系统、冷却装置、电网电压是否正常。开机后需检查各系统是否正常，低速运行主轴 5min，观察车床是否有异常。及时清洁主轴锥孔，做到工完场清。

3. 周末维护保养

全面清洁机床，对电缆、管路进行外观检查，清洁主轴锥孔，清洁主轴外表面、工作台、刀库表面等。检查液压、冷却装置是否正常，及时清洗主轴恒温装置过滤网。检查冷却液，不合格及时更换，清洁排屑装置。

任务二　熟悉数控车床

一、任务描述

了解 CAK3665ni 的基本组成，如图 1-1 所示。

图 1-1　数控车床

二、任务目标

（1）了解数控车床基本的结构。

（2）熟悉 CAK3665ni 的基本结构和工作过程。

（3）了解数控车床性能与加工之间的关联。

三、任务准备

1. CAK3665ni 型数控车床

该数控车床主轴驱动系统可实现无级调速和进行恒线速切削;通过数控系统控制 Z (纵)、X(横)2 个坐标联动;由 4 工位电动刀架选择刀具;主要用于加工轴类和盘类零件的内外圆柱面、圆锥面、圆弧面、螺纹、成形回转体表面,还可以进行钻孔、扩孔、铰孔、镗孔和车端面、切槽等加工。

主要规格及技术参数:

(1)床身上名义回转直径:Ø320mm。

(2)床身上最大工件回转直径:Ø350mm。

(3)最大工件长度:750mm。

(4)刀架上最大工件回转直径:Ø180mm。

(5)主轴通孔直径:Ø55mm。

(6)主轴内孔锥度:莫氏 6 号。

(7)装刀基面距主轴中心距离:20mm。

(8)车刀刀杆最大尺寸:20mm×20mm。

(9)尾座套筒锥度:莫氏 4 号。

(10)主轴转速范围:50—2 500r/min。

(11)主电机功率:变频 4kW。

2. 数控车床的特点

50 年来伴随着计算机、自动控制、电子技术、传感器等学科的发展数控技术不断进步,目前已进入了第五代,数控系统的功能越来越强大,数控加工技术呈现出精度高、速度快、效率高、智能化的特点。

(1)数控机床又称 CNC(计算机数字的控制)机床,即计算机数字控制机床,数控机床由数控系统控制,本学期我们所学的数控系统是广数系统,与法那科系统比较相似(市场占有率最高),其他还有德国的西门子,国产的华中等系统。

(2)数控车床的加工特点:加工精度高,稳定性强;加工效率高,经济效益好;自动化程度高,劳动强度低;价格昂贵,控制复杂,维修较难。

(3)数控车床的加工范围:数控车床除了可以完成普通车床能够完成的轴类和盘套类零件外,还可以完成各类复杂形状的回转体零件,例如复杂曲面;还可以加工各种螺距和变螺距的螺纹。

(4)数控车床一般应用:精度较高、批量生产的零件;各种形状复杂的轴类零件和盘套类零件。

想一想:数控车床与普通车床相比,有何优点?

四、任务实施

(1)观看实训车间里的安全标语。

（2）查看数控车床各部分组成，如图1-2所示。

图1-2　数控车床机械部分

①电源开关：开启数控机床电源，工作灯亮。

②面板：输入程序，控制机床运动。

③主轴：装夹工件的地方。

④导轨：刀架运行的轨道。

⑤刀架：装夹刀具的地方，有4个刀位号。

⑥尾座：用来装夹钻头、顶针、中心钻。

⑦卡盘扳手、刀架扳手：用来装夹工件和刀具。

五、任务拓展

（1）对本节内容进行小结。

（2）了解数控车床性能与加工之间是怎样关联的。

任务三　认识数控车床操作面板

一、任务描述

广州数控 GSK980TDa 面板操作，如图1-3所示。

图1-3　数控面板

二、任务目标

掌握数控车床操作面板上各功能按钮的含义和用途。

三、任务准备

任何数控机床的操作面板都是由显示、MDI、机械操作面板 3 个部分组成。

1.操作面板说明

整个面板分为 3 个部分:左上角为液晶画面;右上角为功能操作部分,在此面板下,可以进行程序的编辑、位置的显示、换刀及参数的设置等;下半部分是机床操作画面,此界面用于机床辅助功能设定,例如主轴正反转、冷却液的开关、进给速率的调整等等一系列的功能。

2.键盘的说明

对键盘的说明如表 1-1～3 所示:

表 1-1 机床操作面板

图标	名称	用途
	复位键	解除报警,CNC 复位
输出 OUT	输出(OUT)键	从 PS232 接口输出文件启动
	地址/数字键	输入数字、字母等字符
输入 IN	输入键(IN)	用于输入参数、补偿量等数据,从 PS232 接口输入文件的启动,MDI 方式下程序段指令的输入
取消 CAN	取消(CAN)键	消除输入到键入缓冲寄存器中的字符或符号,键入缓冲寄存器的内容同 CPT 显示。例如键入缓冲寄存器的显示为 N0001 时,按(CAN)键,则 N0001 被取消
⬆ ⬇	光标移动键	有 4 种光标移动 ↓:使光标向下移动一个区分单位 ↑:使光标向上移动一个区分单位 持续按光标上下键时,可使光标连续移动 W、L:用于设定参数开关的开与关位参数、位诊断详细显示的位选择
	页键	有 2 种换页方式 ↓:使 LCD 画面的页顺方向更换 ↑:使 LCD 画面的页逆方向更换
转换 CHG	CHG 键	位参数、位诊断含义显示方式的切换

表 1-2 　按钮说明

图　标	键　名	图　标	键　名
	编辑方式按钮		空运行按钮
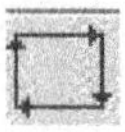	自动加工方式按钮		返回程序起点按钮
	录入方式按钮	 0.001 0.01 0.1 1	单步/手轮移动量按钮
	回参考点按钮	 X Z	手摇轴选择
	单步方式切换按钮	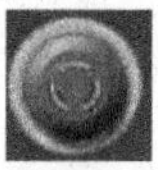	紧急开关
	手动方式按钮		手轮方式切换按钮
	单程序段按钮	 MST	辅助功能锁住
	机床锁住按钮		

表 1-3 　部分图表及用途

图　标	名　称	用　途
	循环启动按钮	自动运行的启动,在自动运行中,自动运行的指示灯
	进给保持按钮	自动运行中刀具进给停止
	主轴起动	主轴正转、反转、停止(手动)
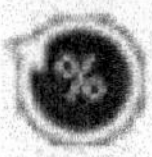	主轴倍率	主轴倍率选择(含主轴模拟输出时)

图　标	名　称	用　途
	冷却液起动	冷却液启动
	润滑液起动	润滑液启动
	手动换刀	手动换刀

3. LCD 显示器

LCD 显示器显示各功能键的功能内容和相关数据信息。

四、任务实施

学生到车间认识操作面板,并根据评价表要求完成任务。

任务评价。任务配分以表格的形式体现,是对学生完成任务情况的一个综合评价,可通过自评、互评和教师评分等方式体现。

五、任务拓展

其他车床数控系统介绍

(1)FANUC 数控系统。

FANUC 数控系统由日本富士通公司研制开发,目前在我国得到了广泛的应用。在中国市场上,应用于车床的数控系统主要有 FANUC 18i TA/TB、FANUC Oi TA/TB/TC、FANUC OTD 等。

(2)SIEMENS 数控系统。

SIEMENS 数控系统由德国西门子公司开发研制,该系统在我国应用也相当普遍。

(3)国产系统。

自 20 世纪 80 年代初期开始,我国数控系统的生产与研制得到了飞速的发展,并逐步出现了北京航天数控集团、机电集团、华中集团、华中数控、蓝天数控等以生产普及型数控系统为主的国有企业。目前,常用于车床的数控系统有华中数控系统、北京航天数控系统等。

任务四　数控车床的常规操作介绍

一、开机

(1)检查机床状态是否正常。

(2)检查电源电压是否符合要求,接线是否正确。

(3)按下"电源开"按钮。

(4)检查 CRT 画面显示资料(表 1-1)。

(5)如果 CRT 画面显示"EMG"报警画面,可松开"急停"键并按下"RESET"键数秒后,系统将复位。

(6)检查风扇电机运转是否正常。

(7)检查面板上的指示灯是否正常。

二、复位

系统通电后进入软件操作界面时,系统的工作方式为"急停"。要控制系统运行,需左旋并拔起操作台右上角的"急停"按钮使系统复位,并接通伺服电源。系统默认进入"回参考点"方式,软件操作界面的工作方式变为"回零"。

三、返回机床参考点

控制机床运动的前提是建立机床坐标系,为此,系统接通电源、复位后首先应进行机床各轴回参考点操作。方法如下:

(1)如果系统显示的当前工作方式不是回零方式,按一下控制面板上面的"回零"按键,确保系统处于"回零"方式;

(2)根据 X 轴机床参数"回参考点方向",按一下"＋X"("回参考点方向"为"＋")或"－X"("回参考点方向"为"－")按键,X 轴回到参考点后,"＋X"或"－X"按键内的指示灯亮;

(3)用同样的方法使用"＋Z"或"－Z"按键,使 Z 轴回参考点,所有轴回参考点后即建立了机床坐标系。

注意:

(1)在每次电源接通后,必须先完成各轴的返回参考点操作,然后再进入其他运行方式,以确保各轴坐标的正确性;

(2)同时按下 X—Z 轴向选择按键,可使 X、Z 轴同时返回参考点;

(3)在回参考点前,应确保回零轴位于参考点的"回参考点方向"相反侧(如 X 轴的回参考点方向为负则回参考点前应保证 X 轴当前位置在参考点的正向侧),否则应手动移动该轴直到满足此条件;

(4)在回参考点过程中,若出现超程,请按住控制面板上的"超程解除"按键,向相反方向手动移动该轴使其退出超程状态。

四、关机

(1)按下控制面板上的"急停"按钮,断开伺服电源。

(2)断开数控电源。

(3)断开机床电源。

五、MDI 手动操作

(1)手动输入操作步骤：

①机床处于 MDI 工作模式；

②按 PROG 程序键；

③按 MDI 软键,自动出现加工程序名"O0000"；

④输入测试程序,如"M03S800"；

⑤按循环启动键,运行测试程序；

⑥如遇 M02 或 M30 指令停止运行,或按复位键 RESET 结束运行。

(2)手动输入操作说明：

①MDI 手动输入程序不能被存储。

②按循环启动键后,运行中的程序段不能被编辑。程序执行完毕后,输入区的内容仍保留。当循环启动键再次被按下时,机床重新运行。

知识链接:操作中的六大安全隐患

一、一人装夹,一人操作按钮

危险指数　★★★★★

易发生指数　★★★★

解析:一位操作者用卡盘扳手旋动卡盘装夹工件,或测量工件时,其他人员操作面板按钮,容易发生卡盘。一旦转起来,装夹或测量工件的操作者面临重大危险。

预防:1.严格遵守一人操作机床,其他人员只许观看,不可操作；

2.操作者装夹或测量工件时,模式开关调到编辑状态下,提醒周围人员不可操作机床按钮。

二、对刀时,周围同学推挤

危险指数　★★★★★

易发生指数　★★★

解析:操作者操作机床对刀时,周围人员你推我挤,易使操作者碰到刀具或主轴。

预防:1.周围人员遵守操作次序,不可推挤。

2.操作者注意身体与危险地方的距离,必要时,可关好机床门对刀。自动加工时,必须关好防护门。

三、回零时不注意刀架位置

危险指数　★★★

易发生指数　★★★★★

解析：刀架未过行程开关(X−100，Z−100)，回零超行程，撞到尾座，并撞坏门。

预防：每一次回零前，先看看刀架在什么位置，是否超过行程开关位置，再回零。

四、工件未夹紧，飞出伤人，或撞坏刀具

危险指数　★★★★

易发生指数　★★

五、模拟程序之后，不回零对刀

危险指数　★★

易发生指数　★★★

六、加工之前，空运行

危险指数　★★

易发生指数　★★★★

【动动手】

1．控制机床主轴转动，实现转速 100r/min、300r/min、600r/min。

2．换刀。

3．手轮调节机床刀架的移动并换挡调节刀架移动快慢。

4．手动调节机床刀架移动。

5．机床刀架回零。

【想一想】

1．主轴转速调节有哪几种方法？

2．掌握了几种换刀方法？

> 阅读材料：简单报警的消除

1．急停报警解除

开机之后，急停按钮一般还未旋起，机床显示屏显示急停报警，可以旋起急停按钮，按"RESET"键，消除警报。

2．超行程报警解除

由于刀架移动位置超过机床预先设定好的限位开关，发生超行程报警，可以一手按着限位解除开关，再按一下复位键，用手轮或手动控制刀架移动到正常位置，报警解除。

3．驱动器报警解除

由于机床主轴突然受到较大外力作用（如撞刀），为保护机床部件受损坏，发生 X 或 Z 轴的驱动器报警，可以关闭电源一小段时间后，重新开启机床，报警解除。

任务五 数控车床程序的输入与编辑

一、任务描述

数控机床能忠实地执行数控系统发出的命令,而这些命令则通过数控程序来体现。因此,数控机床操作的首要任务就是将数控程序正确快速地输入数控系统。下面要做的工作是将下列数控车床程序采用手工输入的方式输入数控装置,并通过程序校验来验证所输入程序的正确性。

二、任务目标

(1)掌握数控程序手工输入与编辑的方法。

(2)完成数控程序手工输入与编辑的操作。

三、任务准备

程序、程序段和程序字的输入与编辑。

(1)建立一个新的程序:

①模式按钮选择"EDIT";

②按下 MDI 功能键 PROG;

③输入地址 O,输入程序号(如 O0010),按下"INSERT"键;

④按下"EOB"键,再次按下"INSERT"键即可完成新程序"O0010"的插入。

(2)调用内存中储存的程序:

①模式按钮选择"EDIT";

②按下 MDI 功能键"PROG",输入地址 O,输入要调用的程序号,如 O0010;

③按下光标向下移动键即可完成程序"O0010"的调用。

(3)删除程序:

①模式按钮选择"EDIT";

②按下 MDI 功能键"PROG",输入地址 O,输入要删除的程序号,如 O0010;

③按下"DELETE"键即可完成单个程序"O0010"的删除。

如果要删除内存储器中的所有程序,只要在输入"0—999"后按下"DELETE"键后再按软键"EXEC",即可删除内存储器中的所有程序。

如果要删除指定范围内的程序,只要在输入"OXXXX,OYYYY"后,按下"DELETE"键后再按下软键"EXEC",即可将内存储器中"OXXXX—OYYYY"范围内的所有程序删除。

(4)删除程序段:

①模式按钮选择"EDIT";

②用光标移动键检索或扫描到将要删除的程序段地址 N,按下"EOB"键;

③按下"DELETE"键,将当前光标所在的程序段删除。

　　如果要删除多个程序段,则用光标移动键检索或扫描到将要删除的程序段开始地址 N(如 N10),键入地址 N 和最后一个程序段号(如 N60),按下"DELETE"键,即可将 N10—N60 的程序段删除。

　　(5)程序段的检索:

　　程序段的检索功能主要使用在自动运行过程中。检索过程如下:

　　①按下模式选择按钮"EDIT";

　　②按下 MDI 功能键"PROG",显示程序屏幕,输入地址 O 及要检索的程序段号,按下 ⇩ ,即可检索到所要检索的程序段。

　　(6)程序字操作:

　　①扫描程序字。模式按钮选择"EDIT",按下光标向左或向右移动键,光标将在屏幕上向左或向右移动一个地址字。按下光标向上或向下移动键,光标将移动到上一个或下一个程序段的开头。按下"PAGE UP"键或"PAGE DOWN"键,光标将向前或向后翻页显示。

　　②跳到程序开头。在"EDIT"模式下,按下"RESET"键即可使光标跳到程序头。

　　③插入一个程序字。在"EDIT"模式下,扫描要插入位置前的字,键入要插入的地址和数据,按下"INSERT"键。

　　④字的替换。在"EDIT"模式下,扫描到将要替换的字,键入要替换的地址字和数据,按下"ALTER"键。

　　⑤字的删除。在"EDIT"模式下,扫描到将要删除的字,按下"DELETE"键。

　　⑥输入过程中字的取消。在程序字符的输入过程中,如发现当前字符输入错误,按下一次"CAN"键,则删除一个当前输入的字符。

四、任务实施

　　1. 数控车床的操控

　　(1)录入模式下,完成主轴正转 S500,S100,S800 等转速的控制和刀具的选择。

　　录入　程序(翻页)M03　S500　输入;循环启动

　　　　　　　　　　　　T0101 输入;循环启动

　　(2)手轮模式下,完成刀架的移动,查看 3 个坐标系坐标的变化。

　　按手轮按钮灯亮,选择倍率×0.1(表示转动每格 0.1mm)×0.01×0.001,转动手轮,控制刀架前后左右移动。

　　此模式下,换刀、主轴停转、正转(原先有转速)、切削液关停按钮功能有效。

　　(3)机动模式下,完成刀架的快速移动和机动切削刀架移动的快慢,由快速倍率调节。

　　(4)回零。

　　先 X 方向回零,在 Z 方向回零(回零时看刀架在导轨上的位置)。

　　(5)熟悉上面操作后,装夹工件刀具,注意刀具的伸出长度和角度(注意安全,在编辑模式下装夹,其他同学不可操作机床)。

　　2. 分小组手动切削工件

(1)用手轮控制刀架,缓慢切削工件的端面。

(2)用手轮控制刀架,缓慢切削工件的外圆。

五、任务拓展——数控车床的刀具安装

数控车床常用刀具及选择:

1. 数控车床常用刀具

在数控车床上使用的刀具有外圆车刀、钻头、镗刀、切断刀、螺纹加工刀具等。

数控车床使用的车刀、镗刀、切断刀、螺纹加工刀具均有焊接式和机夹式之分,除经济型数控车床外,目前已广泛使用机夹式车刀,它主要由刀体、刀片和刀片压紧系统3部分组成,如图1-4所示,其中刀片普遍使用硬质合金涂层刀片。

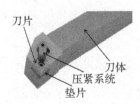

刀片

刀体

压紧系统

垫片

图1-4 机夹式车刀的组成

2. 刀具选择

在实际生产中,数控车刀主要根据数控车床回转刀架的刀具安装尺寸、工件材料、加工类型、加工要求及加工条件从刀具样本中查表确定,其步骤大致如下:

(1)确定工件材料和加工类型(外圆、孔或螺纹);

(2)根据粗加工要求、精加工要求和加工条件确定刀片的牌号和几何槽形;

(3)根据刀架尺寸、刀片类型和尺寸选择刀体。

3. 刀具安装

如前选择好合适的刀片和刀体后,首先将刀片安装在刀体上,再将刀体依次安装到回转刀架上,之后通过刀具干涉图和加工行程图检查刀具安装尺寸。

4. 注意事项

在刀具安装过程中应注意以下问题:

(1)安装前保证刀体及刀片定位面清洁,无损伤;

(2)将刀体安装在刀架上时,应保证刀体方向正确;

(3)安装刀具时需注意使刀尖等高于主轴的回转中心。

项目二   简单轴类零件的加工

任务一   外圆、端面的车削

一、任务情景

现有 GSK980TDa 系统的 CAK6140 数控车床和常用工夹量具的设备条件，请完成如图 2-1 所示零件图的单件生产加工，毛坯 Ø25mm×80mm 的 45# 钢棒。

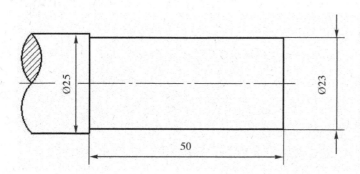

毛坯形式：Ø25棒料
材质：45#

图 2-1   单件生产加工零件图

二、任务要求

(1)正确进行对刀操作。

(2)认识 GSK980TDa 编程指令。

(3)编写加工程序并进行仿真加工。

三、新知链接

(一)数控车床的坐标系

(1)一般经济型数控车床由 2 根回转轴组成即 X 轴和 Z 轴(区分数控铣床)，沿着导轨的 Z 向，垂直导轨的是 X 向。

(2)编程原点。一般应选在零件的右端面的中心，如图 2-2 所示中心 O 点。

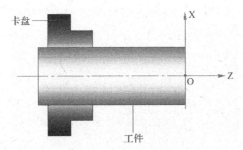

图 2-2 零件的坐标系

(3)3 个坐标系：相对坐标、绝对坐标、机床坐标。

机床坐标零点：回零后刀架的位置，回零前机床坐标(X—100，Z—100 以上)。

(二)G00 与 G01

G00X____Z____ 含义：快速点定位功能，控制刀架快速移动，速度可以由快速倍率调节控制。

G01X____Z____F____ 含义：直线插补功能，控制刀架直线移动，一般用于刀具切削材料，移动速度可以用 F 来确定。

> **知识链接：G98 与 G99**

F 进给量的数值可由每分钟移动量和每转移动量确定。

GSK980TDa 系统中由 G98 和 G99 来确定每分钟移动量和每转移动量，若程序段中没有 G98 或 G99，则看默认，显示屏有显示。

举例：G99 G01 F0.1 含义：主轴每转一圈刀架移动 0.1mm；

G98 G01 F100 含义：每分钟刀架移动 100mm。

(三)直径编程法

数控车床编程坐标点的输入与数控铣床有区别，由于数控车床工件是做旋转运动，为方便尺寸数值的输入和测量，一般数控系统都采用直径编程法输入坐标值。

编程举例(图 2-3)：

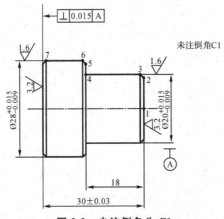

图 2-3 未注倒角为 C1

1. 分析图纸

看形状、技术要求、尺寸标注、形位公差、表面粗糙度。

2. 分析几个主要点的坐标

分析坐标 N1—N7。

3. 直径编程法

G99 G00 X30 Z2；

G01 X28.5 F0.1；

Z-30；

G00 X30；

Z1.0；

G01 X24.0

Z-18.0

G00 X25

Z1.0

G01 X20.5；

Z-18.0；

X 22；

G00 X100 Z100

四、辅助功能指令

1. M00 程序停止

执行 M00 指令后，机床所有动作均被切断，以便进行某种手动操作，如精度的检测等，重新按循环启动按钮后，再继续执行 M00 指令后的程序。该指令常用于粗加工与精加工之间精度检测时的暂停。

2. M01 程序选择性停止

M01 的执行过程和 M00 相似，不同的是，只有按下机床控制面板上的"选择停止"开关后，该指令才有效，否则机床继续执行后面的程序。该指令常用于检查工件的某些关键尺寸。

3. M02 程序结束

M02 程序结束指令执行后，表示本加工程序内所有内容均已完成，但程序结束后，机床显示屏上的执行光标不返回程序开始段。

4. M30 程序结束并返回到程序开始

M30 指令的执行过程和 M02 相似。不同之处在于，当程序内容结束后，随即关闭主轴、切削液等所有机床动作，机床显示屏上的执行光标返回程序开始段，为加工下一个工件做好准备。

5. M03 主轴正转、M04 主轴反转、M05 主轴停止

M03 用于主轴顺时针方向旋转（俗称正转），M04 指令用于主轴逆时针方向旋转（俗称

反转),主轴停转指令用 M05 表示。

6. M08 切削液开、M09 切削液关

切削液开用 M08 表示,切削液关用 M09 表示。

(三)主轴转速指令 S

格式:S ____

说明:一般与 M03、M04 连用,如 M03 S600。

(四)刀具功能指令 T(换刀指令)

格式:T ____ ____

说明:T 后面通常用 4 位数字,前 2 位是刀具号,后 2 位是刀具补偿号,又是刀尖圆弧半径补偿号。

例:T0303 表示选用 3 号刀,以及 3 号刀具长度补偿值和刀尖圆弧半径补偿值。

T0300 表示取消刀具补偿。

五、任务实施

(一)零件加工工艺设计

1. 零件图工艺分析(图 2-1)

(1)零件加工内容分析:材料毛坯为 45♯,该零件形状比较简单,主要加工面为右端面及 Ø23 圆柱表面。

(2)尺寸精度分析:无具体要求。

(3)表面粗糙度分析:无具体要求。

(4)形位公差分析:形位公差无特殊要求。

通过上述分析,外圆尺寸只有一个,采用基本尺寸编程即可。

2. 确定装夹方案

采用三爪自定心卡盘装夹。

3. 选择刀具

端面及外圆加工选择硬质合金 90°外圆车刀。

4. 确定加工工艺路线

(1)夹住 Ø25mm 外圆表面,外伸 55mm 左右。

(2)车削端面,保证表面质量。

(3)加工 Ø23mm 外圆表面,长度至 50mm。

5. 工件坐标系的设定

工件坐标系原点设置在工件右端面与工件轴线的交点处。

(二)程序示例

程序内容	注释
O0101	左端程序名
G40　G97　G99;	程序初始化

```
T0101  M03  S800；                      选择 01 刀具 01 补偿
G00  X28. Z3.；                         快速定位到坐标 X28,Z3
    G00  Z0；
G01  X-0.5  F0.1；
G01  Z3.  F0.5；                        平端面
    G00  X28.；
G01  X23  F0.3；
G01  Z-50. F0.2；                       车削外圆 Ø23
    G00X100；
    Z100；
    M05；                              主轴停转
    M30；                              结束程序并返回程序开头
```

知识链接：对刀

新授

1. 刀位点的概念（图 2-4）

2. 各种车刀的刀位点

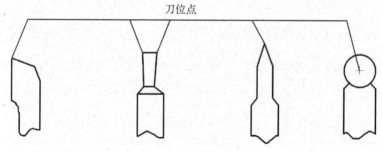

刀位点

图 2-4   刀位点图

3. 试切法对刀方法

(1)Z 向对刀：

①主轴旋转；

②刀具靠近工件端面；

③用刀具切削工件端面；

④刀具 Z 向不动,沿＋X 方向退出；

⑤按刀具补偿按钮；

⑥按 Z0 再输入。

(2)X 向对刀：

①主轴旋转(录入模式下 M03 S800)；

②使用手轮或机动,使刀具靠近工件；

③使刀具切削工件外圆；

④刀具 X 向不动,沿＋Z 方向退出；

⑤主轴停转；

⑥测量工件直径；

⑦按刀具补偿；

⑧X—（测量的工件直径）再按输入。

延伸：切槽刀、螺纹刀的正确对刀方法。

4.实施完成外圆车刀、切槽刀、螺纹车刀的对刀

任务二　外圆、台阶的加工

一、任务情景

现有 GSK980TDa 系统的 CAK6140 数控车床和常用工夹量具的设备条件，请完成如图 2-5 所示零件图的单件生产加工，毛坯 Ø25mm×85mm 的 45♯钢棒。

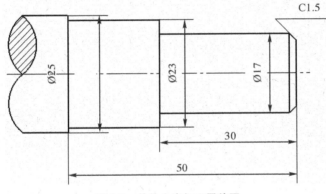

图 2-5　单件生产加工零件图

二、任务要求

（1）正确进行对刀操作。

（2）认识 GSK980TDa 编程指令。

（3）编写加工程序并进行仿真加工。

三、新知链接

倒角仍为直线轮廓，故使用 G01 指令可完成加工。需注意的是，加工采用直径编程，以下面代码为例：

```
…
G00   X14   Z0
G01   X17   Z-1.5   F0.08
…
```

图 2-5 中倒角为 1.5mm,外圆直径为 17mm,编程是直径编程,故端面圆直径是 17-1.5 ×2=14mm。

四、任务实施

(一)零件加工工艺设计

1.零件图工艺分析

(1)零件加工内容分析:材料毛坯为 45♯,该零件形状比较简单,主要加工面为右端面及 Ø17mm,Ø23mm 圆柱表面。

(2)尺寸精度分析:没有具体标明公差要求。

(3)表面粗糙度分析:没有具体公差要求。

(4)形位公差分析:形位公差无特殊要求。

通过上述分析,外圆尺寸有 2 个,采用基本尺寸编程即可。

2.确定装夹方案

采用三爪自定心卡盘装夹。

3.选择刀具

端面及外圆加工选择硬质合金 90°外圆车刀。

4.确定加工工艺路线

(1)夹住 Ø25mm 外圆表面,外伸 55mm 左右;

(2)车削端面,保证表面质量;

(3)加工 Ø17mm,长度 30mm;Ø23mm,长度 20mm(分粗车、精车)外圆表面。

5.工件坐标系的设定

工件坐标系原点设置在工件右端面与工件轴线的交点处。

(二)程序示例

程序内容	注释
O0103	左端程序名
G40　G97　G99;	程序初始化
M03　S800　T0101;	选择 01 粗车刀具 01 补偿
G00　X28.　Z0.;	快速定位到坐标 X28,Z0
G01　X-0.5　F0.1;	平端面
G00　X23.5　Z3　F0.2;	粗车外圆 Ø23.5 预留精车余量 0.5mm
G01　Z-50.;	
G00　X28.;	
Z3;	

```
      X22.；
  G01   Z-30.；
  G00   X28；
        Z3；
        X20.；
  G01   Z-30.；
  G00   X28.；
        Z3；
        X17.5
  G01   Z-30.
  G00   X100.
        Z100.
  M03   S1500；
        T0202；
  G00   X14.  Z3.；
  G01   Z0   F0.08
G01   X17  Z-1.5   F0.08
G01   Z-30.  F0.08
  G01   X23；
        Z-50；
        X100.；
  G00   Z100；
  M05；
  M30；
```

粗车外圆 Ø17.5 预留精车余量 0.5mm

换刀指令,更换 02 精车刀具 02 补偿

车倒角

精车外圆 Ø17mm

精车外圆 Ø23mm

主轴停转
结束程序并返回程序开头

任务三　圆锥面的加工

一、任务情景

现有 GSK980TDa 系统的 CAK6140 数控车床和常用工夹量具的设备条件,请完成如图 2-6 所示零件图的单件生产加工,毛坯 Ø25mm×80mm 的 45♯钢棒。

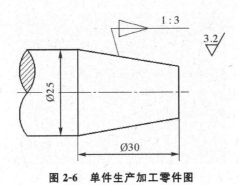

图 2-6　单件生产加工零件图

二、任务要求

(1)正确进行对刀操作。

(2)认识 GSK980TDa 编程指令。

(3)编写加工程序并进行仿真加工。

三、新知链接

(一)车削锥面加工路线分析

在车床上车外圆锥时可以分为车正锥和车倒锥两种情况,而每一种情况又有两种加工路线。如图 2-7(a)所示为车倒锥的两种加工路线。按图车倒锥时,需要计算终刀距 S。假设圆锥大径为 D,小径为 d,锥长为 L,背吃刀量为 a_p,则由相似三角形可得:

$$(D-d)/2L = a_p/S$$

则 $S = 2La_p/(D-d)$。

按此种加工路线,刀具切削运动的距离较短。

当按图 2-7(b)的走刀路线车倒锥时,则不需要计算终刀距 S,只要确定了背吃刀量 a_p,即可车出圆锥轮廓,编程方便。但在每次切削中背吃刀量是变形的,且刀切削运动的路线较长。如图 2-8 为车正锥的两种加工路线,车正锥原理与倒锥相同。

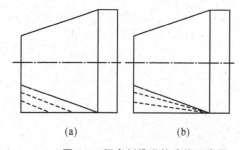

(a)　　　　　　　(b)

图 2-7　粗车倒锥进给路线示意图

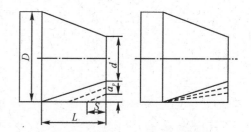

图 2-8　粗车正锥进给路线示意图

(二)切削用量的选用原则

粗车时,应尽量保证较高的金属切除率和必要的刀具耐用度。

选择切削用量时应首先选取尽可能大的背吃刀量 a_p,其次根据机床动力和刚性的限制条件,选取尽可能大的进给量 f,最后根据刀具耐用度要求,确定合适的刀削速度 v_c。增大背吃刀量 a_p,可使走刀次数减少,增大进给量 f 有利于断屑。

精车时,对加工精度和表面粗糙度要求较高,加工余量不大且较均匀。选择精车的切削用量时,应着重考虑如何保证加工质量,并在此基础上尽量提高生产率。因此,精车时应选用较小(但不能太小)的背吃刀量和进给量,并选用性能高的刀具材料和合理的几何参数,以尽可能提高切削速度。

1.背吃刀量的选择

粗加工时,除留下精加工余量外,一次走刀尽可能切除全部余量。也可分多次走刀。精加工的加工余量一般较小,可一次切除。在中等功率机床上,粗加工的背吃刀量可达8—10mm;半精加工的背吃刀量取0.5—5mm;精加工的背吃刀量取0.2—1.5mm。

2.进给速度(进给量)的确定

粗加工时,由于对工件表面质量没有太高的要求,这时主要根据机床进给机构的强度和刚性,刀体的强度和刚性,刀具材料,刀体和工件尺寸以及已选定的背吃刀量等因素来选取进给速度。精加工,则按表面粗糙度要求、刀具及工件材料等因素来选取进给速度。

进给速度 v_f 可以按公式 $v_f = f \times n$ 计算,式中 f 表示每转进给量,粗车时一般取0.3—0.8mm/r;精车时常取0.1—0.3mm/r;切削时常取0.05—0.2mm/r。

3.切削速度的确定

切削速度 v_c 可根据已经选定的背吃刀量、进给量及刀具耐用度进行选取。

粗加工或工件材料的加工性能较差时,宜选用较低的切削速度。精加工或刀具材料、工件材料的切削性能较好时,宜选用较高的切削速度。

切削速度 v_c 确定后,可根据刀具或工件直径(D)按公式 $n = 1\,000 v_c / \pi D$ 来确定主轴转速 $n(r/min)$。

在工厂的实际生产过程中,切削用量一般根据经验或通过查表的方式进行选取。

四、任务实施

(一)零件加工工艺设计

1.零件图工艺分析

(1)零件加工内容分析:材料毛坯为45#,该零件形状比较简单,主要加工面为右端面及大端 Ø25mm、小端 Ø15mm,锥度1:3,长30mm的圆锥面。

(2)尺寸精度分析:没有具体标明公差要求。

(3)表面粗糙度分析:没有具体公差要求。

(4)形位公差分析:形位公差无特殊要求。

通过上述分析,采用圆锥车削加工编程即可。

2.确定装夹方案

采用三爪自定心卡盘装夹。

3.选择刀具

端面及圆锥面加工选择硬质合金90°外圆车刀。

4.确定加工工艺路线

(1)夹住 Ø25mm 外圆表面,外伸50mm左右;

(2)车削端面,保证表面质量;

(3)加工圆锥面1:3表面。

5.工件坐标系的设定

工件坐标系原点设置在工件右端面与工件轴线的交点处。

(二)锥面车削工艺计算

锥度定义：$C = \dfrac{D-d}{L}$。

根据图样标注的参数和上面的公式，可求出 d＝D－CL＝25－30×1/3＝15mm。切削起始点在端面前 3mm 位，L＝30＋3＝33mm，所以 d＝14mm。

(三)程序示例

程序内容	注释
O0201	左端程序名
G40　G97　G99；	取消刀具补偿；取消恒线速度；每转进给速度
M03　S800　T0101；	选择 01 刀具 01 补偿
G00　X100　Z100；	快速定位 X100 Z100
G00　X25.　Z3.；	快速定位 X25 Z3
G01　X21　F0.3；	第一刀，背吃刀量 3mm
X25　Z-30；	
G00　X30；	
Z3；	
X17；	
G01　X25　Z-30；	
G00　X30；	
Z3；	
X14；	
G01　X25　Z-30；	最后一刀，车削圆锥到尺寸
X30；	
G00　X100　Z100；	回到换刀点
M05；	
M30；	结束程序并返回程序开头

(四)刀具路径

刀具路径如图 2-9 所示。

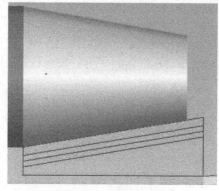

图 2-9　刀具路径图

任务四 逆时针圆弧加工

一、任务情景

现有 GSK980TDa 系统的 CAK6140 数控车床和常用工夹量具的设备条件,请完成如图 2-10 所示零件图的单件生产加工,毛坯 Ø50mm×100mm 的 45♯钢棒。

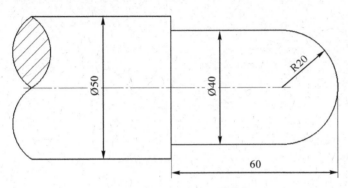

图 2-10 单件生产加工零件图

二、任务要求

(1)正确进行对刀操作。

(2)认识 GSK980TDa 编程指令。

(3)编写加工程序并进行仿真加工。

三、新知链接

1.指令格式

顺时针圆弧指令:G02 X＿＿ Z＿＿ R＿＿ F＿＿。

逆时针圆弧指令:G03 X＿＿ Z＿＿ R＿＿ F＿＿。

X,Z 代表圆弧的终点坐标;R 表示圆弧半径;F 表示进给量。

2.圆弧顺逆的判断

在根据右手定则确定的坐标系中,由确定圆弧所车平面的 2 根坐标轴之外的第 3 根坐标轴的正向向负向看,顺时针为 G02,逆时针为 G03。

(简单的方法,看图纸上半部分,从右到左,根据时针判断顺时针为 G02,逆时针为 G03。)

3.编程举例(图 2-11)

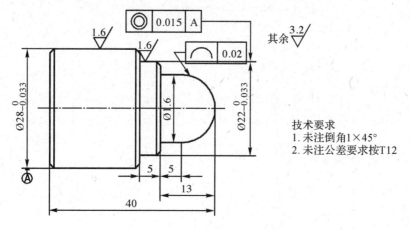

图 2-11　零件图

技术要求
1. 未注倒角1×45°
2. 未注公差要求按T12

(1)圆弧的终点坐标?　　　　　　　　　　(X16 Z-8)

(2)圆弧的半径是多少?　　　　　　　　　　(R8)

(3)判断圆弧是顺时针,还是逆时针?　　　(逆时针)

(4)写出这段圆弧指令?　　　　　　　　　　(G03 X16 Z-8 R8)

(5)运用 G00、G01、G02、G03 编写精加工程序指令

……

G03　X16　Z-8　R8　F0.2;

G01　Z-13;

X20;

X22　Z-14;

Z-18;

X26;

X28　Z-19;

Z-40;

……

四、任务实施

(一)零件加工工艺设计

1.零件图工艺分析(图 2-10)

(1)零件加工内容分析:材料毛坯为 45♯,该零件形状 Ø50mm,Ø40mm,R20mm 半圆球。

(2)尺寸精度分析:Ø50mm,Ø40mm,R20mm 的公差。

(3)表面粗糙度分析:没有具体公差要求。

(4)形位公差分析:形位公差无特殊要求。

2.确定装夹方案

采用三爪自定心卡盘装夹。

3.选择刀具

端面及圆锥面加工选择硬质合金90°外圆车刀。

4.确定加工工艺路线

(1)夹住 Ø50mm 外圆表面,外伸 70mm 左右;

(2)车削端面,保证表面质量;

(3)粗车 Ø40mm 外圆,长 74mm,R20 半圆球留精车余量 0.5mm;

(4)精车 Ø40 外圆和 R20 半圆及倒角,保证尺寸;

5.工件坐标系的设定

工件坐标系原点设置在工件右端面与工件轴线的交点处。

(二)程序示例

程序内容	注释
O0301	左端程序名
G40　G97　G99;	
T0101　M03　S800;	#选择01刀具　01刀具补偿　主轴正转　转速800r/min
G00　X100　Z100;	#快速定位到　X100　Z100
G00　X55　Z2;	#快速定位到坐标 X55,Z2
G90　X48　Z-60　F0.3;	#切削外圆至 Ø42
X46;	
X44;	
X42;	
G00　Z6;	#快速定位至　Z6
X0;	#快速定位至 X0　到达圆弧分层切削起始点
G03　X52　Z-20　R26　F0.2;	切削半径为26的圆弧
G00　Z4;	
X0;	
G03　X48　Z-20　R24　F0.2;	切削半径为24的圆弧
G00　Z2;	
X0;	
G03　X44　Z-20　R22　F0.2;	切削半径为22的圆弧
G00　Z1;	
X0;	
G01　Z0　F0.2;	切削半径为20的圆弧
G03　X40　Z-20　R20　F0.2;	
G01　Z-60　F0.2;	切削外圆至 Ø40
X55;	
G00　Z2;	
X100　Z100;	回到起刀点
M05;	程序停止
M30;	程序结束　回到程序开头

任务五　切槽加工

一、任务情景

现有 GSK980TDa 系统的 CAK6140 数控车床和常用工夹量具的设备条件,请完成如图 2-12 所示零件图的单件生产加工,毛坯 Ø40mm×80mm 的 45♯钢棒。

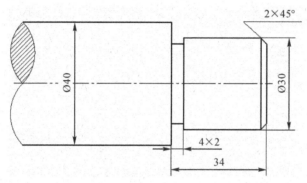

图 2-12　单件生产加工零件图

二、任务要求

(1)正确进行对刀操作。

(2)认识 GSK980TDa 编程指令。

(3)编写加工程序并进行仿真加工。

三、新知链接

(一)暂停(延时)指令 G04

格式:G04　X(U)　＿＿＿;

G04　P　＿＿＿。

X(U):暂停时间,单位为 s;P:暂停时间,单位为 ms。

例　欲使刀具停留时间为 1.5S,可有以下表示方法

G04　X1.5 或 G04　P1500

(二)车槽加工路线分析

(1)对于宽度、深度值相对不大,且精度要求不高的槽,可采用与槽等宽的刀具,直接切入一次成型的方法加工,如图 2-13 所示。刀具切入到槽底后可利用延时指令使刀具短暂停留,以修整槽底圆度,退出过程中可采用工进速度。

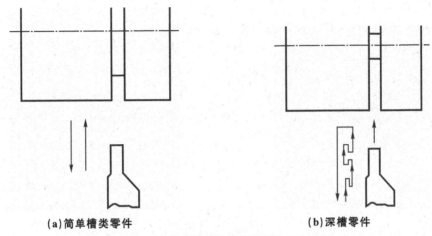

(a)简单槽类零件　　　　　　(b)深槽零件

图 2-13　简单槽类和深槽零件加工方式

(2)对于宽度值不大,但深度较大的深槽零件,为了避免切槽过程中由于排屑不畅,使刀具前部压力过大出现扎刀和折断刀具的现象,应采用分次进刀的方式。刀具在切入工件一定深度后,停止进刀并退回一段距离,达到排屑和断屑的目的。

(3)宽槽的切削。通常把大于一个切刀宽度的槽称为宽槽,宽槽的宽度、深度的精度及表面质量要求相对较高。在切削宽槽时常采用排刀的方式进行粗切,然后是用精切槽刀沿槽的一侧切至槽底,精加工槽底至槽的另一侧,再沿侧面退出。

四、任务实施

(一)零件加工工艺设计

1.零件图工艺分析

(1)零件加工内容分析:材料毛坯为 45♯,该零件形状比较简单,主要加工面为右端面及 $\varnothing30\text{mm}$ 圆柱表面及 4×2 的径向槽。

(2)尺寸精度分析:没有具体标明公差要求。

(3)表面粗糙度分析:没有具体公差要求。

(4)形位公差分析:形位公差无特殊要求。

通过上述分析,外圆尺寸只有一个,采用基本尺寸编程即可。

2.确定装夹方案

采用三爪自定心卡盘装夹。

3.选择刀具

端面及外圆加工选择硬质合金 90°外圆车刀及割断刀。

4.确定加工工艺路线

(1)按先主后次,先粗后精的加工原则确定加工路线,根据图纸要求,首先完成外圆切削,留精车余量 0.2mm。

(2)精车外圆至尺寸。

(3)切槽加工。

5.工件坐标系的设定

工件坐标系原点设置在工件右端面与工件轴线的交点处。

(二)程序示例

利用 G01、G04 指令进行切槽加工,程序示例:

程序内容	注释
O0501	左端程序名
G99　G40　G97	程序初始化
T0101　M03　S800	♯选择 01 刀具　01 刀具补偿　主轴正转　转速 800r/min
G00　X100　Z100	♯快速定位到坐标 X100,Z100
G00　X38　Z2	♯快速定位到坐标 X38,Z2
G90　X36　Z-34　F0.3	
X32	
X30	切削外圆 Ø30
G00　X100　Z100	
T0202　S800	
G00　X50　Z-33	
G01　X26　F0.3	
G04　X1.5	
G01　X50	
G00　X100　Z100	回到换刀点
M05;	程序停止
M30;	程序结束　回到程序开头

(三)刀具路径

刀具的路径如图 2-14 所示。

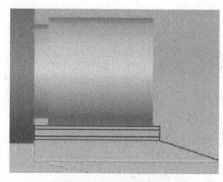

图 2-14　刀具路径图

(四)技能扩展

单件生产加工零件如图 2-15 所示:

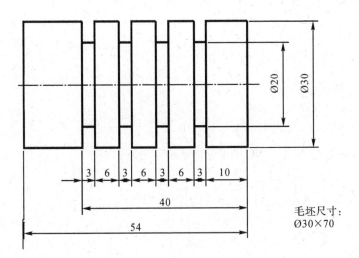

图 2-15　单件生产加工零件图

任务六　普通螺纹加工

一、任务情景

现有 GSK980TDa 系统的 CAK6140 数控车床和常用工夹量具的设备条件，请完成如图 2-16 所示零件图的单件生产加工，毛坯 Ø40mm×80mm 的 45♯钢棒。

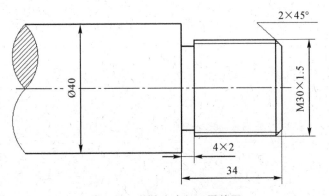

图 2-16　单件生产加工零件图

二、任务要求

(1)正确进行对刀操作。

(2)认识 GSK980TDa 编程指令。

(3)编写加工程序并进行仿真加工。

三、新知链接

(一)用 G32 指令车削螺纹

车削螺纹如图 2-17 所示:

格式:G32　X(U)＿＿＿　Z(W)＿＿＿　F＿＿＿　Q＿＿＿;

X:切削螺纹终点坐标,U 为增量坐标。

Z:切削螺纹终点坐标,W 为增量坐标。

F:螺纹导程。

Q:螺纹起始角,如果是单线螺纹,则该值不用指定,默认为 0。

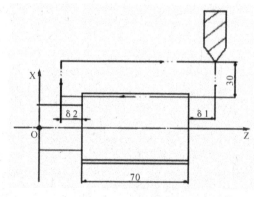

图 2-17　车削螺纹图

(二)螺纹切削工艺

(1)螺纹切削时应在两端设置足够的升速进刀段 δ_1 和降速退刀段 δ_2。

(2)如果螺纹牙型深度较深、螺距较大,可分次进给,每次进给的背吃刀量为螺纹深度减去精加工背吃刀量所得的差按递减规律分配。常用米制螺纹切削的进给次数与背吃刀量如表 2-1 所示。

表 2-1　常用米制螺纹切削的进给次数与背吃刀量(mm)

螺距		1.0	1.5	2.0	2.5	3.0	3.5	4.0
牙深		0.649	0.974	1.299	1.624	1.949	2.273	2.598
背吃刀量及切削次数	1	0.7	0.8	0.9	1.0	1.2	1.5	1.5
	2	0.4	0.6	0.6	0.7	0.7	0.7	0.8
	3	0.2	0.4	0.6	0.6	0.6	0.6	0.6
	4		0.16	0.4	0.4	0.4	0.6	0.6
	5			0.1	0.4	0.4	0.4	0.4
	6				0.15	0.4	0.4	0.4
	7					0.2	0.2	0.4
	8						0.15	0.3
	9							0.2

(3)螺纹牙型高度是指螺纹牙型上牙顶到牙底之间垂直于螺纹轴线的距离,普通螺纹的牙型理论高度 H＝0.866P。但在实际加工中,受车刀半径的影响,螺纹实际牙型高度可按下式计算:

$$h＝H-2(H/8)＝0.649\,5P　（P 为螺距,单位为 mm）$$

按直径编程,则切深约为 1.3P。

(三)螺纹加工刀具的选用与安装

(1)车刀安装在刀架上,伸出部分不宜太长,伸出量一般为刀体高度的 1—1.5 倍。伸出过长会使刀体刚性变差,切削时易产生振动,影响工件的表面粗糙度。

(2)垫铁要平整,数量要少,垫铁应与刀架对齐。车刀至少要用两个螺钉压紧在刀架上,并逐个轮流拧紧。

(3)数控车床刀尖应与工件轴线等高,否则会因基面和切削平面的位置发生变化,而改变车刀工作时的前角和后角的数值。数控车床车刀刀尖高于工件轴线,使后角减小,增大车刀后刀面与工件间的摩擦;数控车床车刀刀尖低于工件轴线,使前角减小,切削力增加,切削不顺利。

车端面时,数控车床车刀刀尖高于或低于工件中心,车削后工件端面中心处留有凸头,使用硬质合金车刀时,如不注意这一点,车削到中心处会使刀尖崩碎。

(4)刀体中心线应与进给方向垂直,否则会使主偏角和副偏角的数值发生变化,如螺纹车刀安装歪斜,会使螺纹牙形半角产生误差。数控车床用偏刀车削阶台时,必须使车刀主切削刃与工件轴线之间的夹角在安装后等于 90°或大于 90°,否则,车出来的台阶面与工件轴线不垂直。

四、任务实施

(一)零件加工工艺设计

1.零件图工艺分析

(1)零件加工内容分析:材料毛坯为 45♯,主要加工面为右端面及 Ø30mm 圆柱表面、宽 4×2 的退刀槽和 M30×1.5 的普通螺纹。

(2)尺寸精度分析:没有具体标明公差要求。

(3)表面粗糙度分析:没有具体公差要求。

(4)形位公差分析:形位公差无特殊要求。

通过上述分析,外圆尺寸只有一个,采用基本尺寸编程即可。

2.确定装夹方案

采用三爪自定心卡盘装夹。

3.选择刀具

端面及外圆加工选择硬质合金 90°外圆车刀;

退刀槽加工选用宽度为 4mm 的切槽刀;

螺纹加工选用三角形螺纹车刀,螺纹为普通三角形螺纹,螺纹车刀刀尖角为 60°。

4.确定加工工艺路线

(1)按先主后次,先粗后精的加工原则确定加工路线,根据图纸要求,首先完成外圆切削,由于螺纹切削的变形影响,外圆尺寸加工至 Ø29.85mm。

(2)切槽加工,应采用分次进刀的方式,刀具在切入工件一定深度后,停止进刀并退回一段距离,达到排屑和断屑的目的。

(3)螺纹切削,计算牙高 h=0.649 5P=1.5×0.649 5≈0.974mm,分 4 次切削,每次的切削量分别为 0.8mm,0.6mm,0.4mm,0.16mm。

5.工件坐标系的设定

工件坐标系原点设置在工件右端面与工件轴线的交点处。

(二)程序示例

G32 指令车削螺纹程序示例

程序内容	注释
O0501	左端程序名
G99　G40　G97	
T0101　M03　S800	＃选择 01 刀具　01 刀具补偿　主轴正转　转速 800r/min
G00　X100　Z100	＃快速定位到坐标 X100,Z100
G00　X38　Z2	＃快速定位到坐标 X38,Z2
G90　X36　Z-34　F0.3	
X32	切削外圆 Ø30,因为螺纹切削变形量,切削至 Ø29.85
X29.85	
G00　X28	
G01　Z0　F0.3	
G01　X32　Z-4	
G00　Z2	倒角
X26	
G01　Z0	
X32　Z-6	
G00　X100　Z100	到换刀点　X100　Z100
T0202　S800	切换 02 刀具　刀具补偿为 02
G00　X50　Z-33	切 4×2 退刀槽
G01　X26　F0.1	
G01　X50	
G00　X100　Z100	回到换刀点
T0303　S500	切换 03 刀具　03 补偿
G00　X28.4　Z4.	定位至 X28.4　Z4 螺纹切削起始位置
G32　Z-32　F1.5	第一刀
G00　X50	
Z4	
X27.2	
G32　Z-32　F1.5	第二刀

```
    G00   X50
       Z4
       X26.4
G32   Z-32   F1.5                            第三刀
    G00   X50
       Z4
       X26.08
G32   Z-32   F1.5                            切削至牙深
    G00   X50
    X100   Z100

       M05；                                 程序停止
       M30；                        程序结束   回到程序开头
```

项目三 复杂轴类零件加工

任务一 单一固定循环

一、教学目标

（1）掌握外圆加工单一固定循环 G90 指令。

（2）掌握端面加工单一固定循环 G90 指令。

二、实例任务

现有毛坯为 Ø50mm×90mm 的 45♯圆钢,如图 3-1 所示,试编写其数控车加工程序并进行加工。

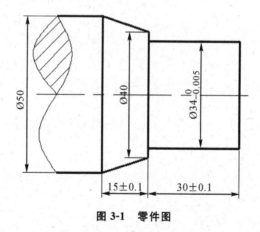

图 3-1 零件图

本任务加工过程加工余量较多,若采用简单的指令编程,程序指令较长,易出现错误。而应用单一固定循环指令进行编程则能够简化编程。

三、操作实施

1. 编制加工程序

编制加工程序如表 3-1 所示:

表 3-1 加工程序表

刀 具	1号:93°,端面车刀 2号:90°,外圆车刀	
程序号	加工程序	程序说明
	00010	程序号
N10	G98 G40 G97	程序初始化
N20	G28 U0 W0	回参考点
N30	T0101	换1号刀,取1号刀具长度补偿
N40	M03 S800 M08	主轴正转,切削液开
N50	G00 X52 Z2	快速到达起刀点
N60	G94 X0 Z-1 F50	采用 G94 指令粗车端面
N70	Z-2	
N80	Z-3	
N90	Z-4	
N100	Z-4.7	
N110	S1500	换速精车端面
N120	G94 X0 Z-5	
N130	G28 U0 W0	
N140	T0202 S800	
N150	G00 X45 Z2	
N160	G90 X41 Z-30 F100	粗车外圆
N170	X39	
N180	X37	
N190	X34..6	
N200	G00 X52 Z-30	粗车圆锥
N210	G90 X50 Z-45 R-1	
N220	R-2	
N230	R-3	
N240	R-4	
N250	R-4.7	
N260	S1500 F50	精车外圆轮廓
N270	G00 X52 Z2	
N280	X34	
N290	G01 Z-30	
N300	X40	

刀　具	1号:93°.端面车刀,2号:90°外圆车刀	
N310	X50　Z-45	
N320	G28　U0　W0	程序结束
N330	M05　M09	
N340	M30	

2.任务评价

任务评价各内容如表 3-2 所示:

表 3-2　任务配分表

项　目	序　号	技术要求	配　分	评分标准	检测记录	得　分
加工操作	1	$\varnothing 34^{0}-0.05$mm	10	不正确全扣		
	2	(30 ± 0.1)mm	5	不正确全扣		
	3	(15 ± 0.1)mm	5	不正确全扣		
	4	锥度正确	5	不正确全扣		
	5	表面粗糙度	5	每处扣 2.5		
程序与工艺	6	程序格式规范	5	每处扣 2.5		
	7	程序正确	10	每处扣 2.5		
	8	刀具选择	5	每处扣 2.5		
	9	刀具安装	5	不正确全扣		
	10	刀具参数	5	不正确全扣		
机床操作	11	对刀	10	不正确全扣		
	12	坐标系设定	5	不正确全扣		
	13	机床操作	5	每处扣 2.5		
安全文明生产	14	安全操作	5	出错全扣		
	15	机床维护	10	不合理全扣		
	16	工作场所	5	不合理全扣		

四、新知链接

(一)单一固定循环

1.内径、外径车削循环指令 G90(图 3-2)

功能:适用于在零件的内、外圆柱面(圆锥面)上毛坯余量较大或直接从棒料车削零件时进行精车前的粗车,以去除大部分毛坯余量。

(1)直线车削循环。

格式:G90 X(U)____ Z(W)____ F。

其轨迹如图 3-2 所示,由 4 个步骤组成。

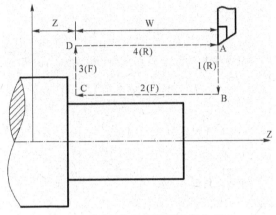

图 3-2 内径、外径车削循环指令 G90

(2)锥体车削循环。

格式:G90 X(U)____ Z(W)____ R____ F____ ____。

其轨迹如图 3-3 所示,刀具从定位点 A 开始沿 ABCDA 的方向运动,图 3-2 中 B 点的 X 坐标比 C 点的 X 坐标小,所以 R 应取负值。

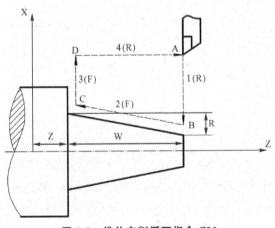

图 3-3 锥体车削循环指令 G90

2.端面车削循环

(1)端面车削循环。

格式:G94 X(U)____ Z(W)____ F____ ____。

其轨迹由 4 个步骤组成。刀具从循环起点开始,其中 X(U)、Z(W)给出终点的位置。1(R) 表示第一步是快速运动,2(F)表示第二步按进给速度切削,其余 3(F)、4(R)的意义相似。

(2)带锥度的端面车削循环。

格式:G94 X(U)____ Z(W)____ R____ F____ ____。

其轨迹如图 3-4 所示,刀具从循环起点开始,其中 X(U)、Z(W)给出终点的位置,R 值的正负由 B 点和 C 点的 X 坐标之间的关系确定,图 3-4 中 C 点的 X 坐标比 B 点的 X 坐标小,所以 R 应取负值。

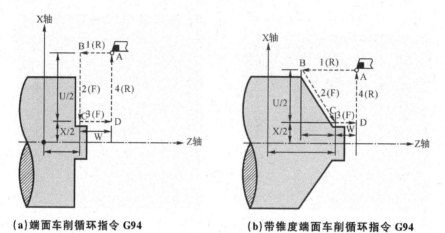

(a)端面车削循环指令 G94　　　　　(b)带锥度端面车削循环指令 G94

图 3-4　端面和带锥度端面车削循环指令 G94

任务二　内外圆粗车循环

一、知识目标

(1)掌握外圆粗车循环的指令格式及其编程方法。

(2)掌握精加工余量的确定方法。

(3)掌握加工阶段的划分及加工顺序的安排方法。

二、技能目标

能应用 G71、G70 指令加工外形轮廓。

三、相关知识

(1)加工阶段的划分。

(2)加工顺序的安排。

(3)精加工余量的确定方法。

(4)编程指令(G71、G70、循环起点的确定)。

四、技能操作

(1)工件、刀具的安装及对刀。

(2)数控程序的输入、编辑与校验。

(3)数控机床的自动运行加工。

(4)外圆的测量。

五、实例情景

现有一零件如图 3-5 所示：

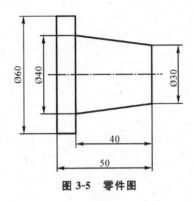

图 3-5　零件图

现要求对此零件进行编程加工处理,前面理解了单一指令的编写,那么对于上述零件我们应用单一指令来进行编程(学生可进行相关编写)会发现程序过于繁杂,还会容易出现差错。对于轮廓较为复杂的零件,采用一般指令来完成显然是不可取的。下面介绍有关循环指令的用法,来完成形状复杂零件的编程处理。

1. 新指令的格式与用法

(1)外圆/内孔粗车复合循环 G71。

该指令适用于用圆柱棒料粗车阶梯轴的外圆或内孔需切除较多余量时的情况。

指令格式为：

G71　U(Δd)　R(e)

G71　P(n_s)Q(n_f)U($\triangle$u)W(Δw)F(Δf)S(Δs)T(t)

指令中各项意义说明如下：

Δd：背吃刀量,是半径值,且为正值；

e：退刀量；

n_s：精车开始程序段的程序段号；

n_f：精车结束程序段的程序段号；

Δu：X 轴方向精加工余量,是直径值；

Δw：Z 轴方向精加工余量；

Δf：粗车时的进给量；

Δs：粗车时的主轴速度；

t：精车时所用的刀具。

G71 指令的刀具循环路径如图 3-6 所示。在使用 G71 指令时 CNC 装置会自动计算出粗车的加工路径并控制刀具完成粗车,且最后会沿着粗车轮廓 A′B′车削一刀,再退回至循环起点 C,完成粗车循环。

使用 G71 指令应注意以下几点：

①由循环起点 C 到 A 点的只能用 G00 或 G01 指令,且不可有 Z 轴方向移动指令(请参

考下例 O4010 程序）；

②车削的路径必须是单调增大或减小，即不可有内凹的轮廓外形；

③当使用 G71 指令粗车内孔轮廓时，须注意 Δu 为负值。

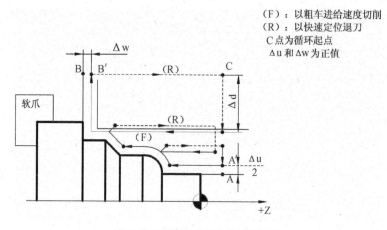

（F）：以粗车进给速度切削
（R）：以快速定位退刀
C 点为循环起点
Δu 和 Δw 为正值

图 3-6　G71 指令的刀具循环路径

（2）精加工循环指令 G70。

指令格式为：G70　$P(n_s)Q(n_f)$。其中：n_s 为开始精车程序段号；n_f 为完成精车程序段号。

使用 G70 时应注意下列事项：

①精车过程中的 F，S 在程序段号 n_s 至 n_f 间指定；

②在 n_s 至 n_f 间精车的程序段中，不能调用子程序；

③必须先使用 G71，G72 或 G73 指令后，才可使用 G70 指令；

④精车时的 S 也可以于 G70 指令前，在换精车刀时同时指定（如前一个程序）；

⑤在车削循环期间，刀尖半径补偿功能有效。

2. 实例

用 G71 指令对如下工件进行粗加工（图 3-7、图 3-8），毛坯为 Ø55mm。

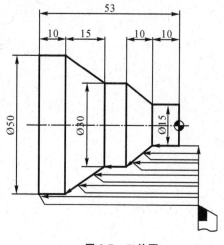

图 3-7　工件图

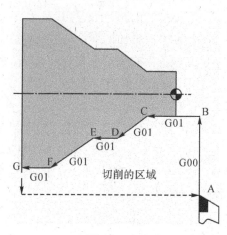

图 3-8　分析图

程序：

O0233；

N10	G40	G97	G99；	

N10　G40　G97　G99；

N20　T0202　M03　S800；　　　　　　　　调用粗车刀，主轴正转

N30　G00　X55　Z2；　　　　　　　　　　快速定位，接近工件

N40　G71　U2　R1；　　　　　　　　　　　每次进刀量4mm(直径)

N50　G71　P60　Q110　U0.3　W0.05　F0.2；　对B—G粗车加工

N60　G00　X15；

N70　G01　Z-10　F0.1；

N80　X30　Z-20；

N90　Z-28；　　　　　　　　　　　　　　A至G的精加工轮廓程序

N100　X50　Z-43；

N110　Z-53；

N120　G00　X100　Z100；　　　　　　　返回换刀点

N130　T0101；　　　　　　　　　　　　调用精车刀

N140　G00　X55　Z2；　　　　　　　　　快速定位，接近工件

N160　G70　P60　Q110；　　　　　　　　粗车A至G的轮廓

N170　G00　X100　Z100；　　　　　　　返回起刀点

N180　M30；　　　　　　　　　　　　　程序结束

注：G70指令与G71指令的刀具定位一般同在一个位置；G71指令切削完毕返回到G71指令的刀具定位点。

任务三　多重复合循环

一、知识目标

(1)了解数控车床刀具的分类。

(2)了解常用数控车床机夹车刀及其刀片的选择方法。

(3)掌握多重复合循环指令格式及编程方法。

二、技能目标

(1)能合理选择数控车床的刀具。

(2)能应用G73车削复杂轮廓。

三、相关知识

(1)数控车床刀具系统简介。

(2)成型车削循环指令G73。

(3)G71、G72、G73、G70的注意事项。

四、技能操作

(1)工件、刀具的安装及对刀。

(2)数控程序的输入、编辑与校验。

(3)数控机床的自动运行加工。

(4)外圆的测量。

五、实例情景

现有 GSK980TDa 系统的 CAK6140 数控车床和常用工夹量具的设备条件,请完成如图 3-9 所示零件图的单件生产加工,毛坯 Ø32×80 的 45♯钢棒。

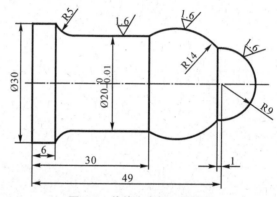

图 3-9 单件生产加工零件图

六、任务要求

(1)图样分析拟定加工工艺规程。

(2)正确选择切削用量与刀具。

(3)编写加工程序并在斯沃数控仿软件中仿真加工。

(4)填写工艺文件。

(5)加工实施。

(6)质量分析提出改善方案。

七、新知链接

(一)固定形状切削复合循环(G73)

指令格式:G73 U(Δi) W(Δk) R(d)

　　　　　G73 P(n_s) Q(n_f) U(Δu) W(Δw) F(f) S(s) T(t)

指令功能:适合加工铸造、锻造成形的一类工件,如图 3-10 所示。

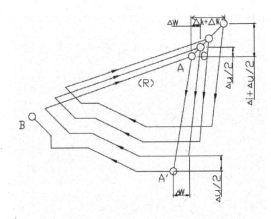

图 3-10　固定形状切削复合循环

指令说明：

Δi 表示 X 轴向总退刀量（半径值）；

Δk 表示 Z 轴向总退刀量；

d 表示循环次数；

n_s 表示精加工路线第一个程序段的顺序号；

n_f 表示精加工路线最后一个程序段的顺序号；

Δu 表示 X 方向的精加工余量（直径值）；

Δw 表示 Z 方向的精加工余量。

固定形状切削复合循环指令的特点，刀具轨迹平行于工件的轮廓，故适合加工铸造和锻造成形的坯料。背吃刀量分别通过 X 轴方向总退刀量 Δi 和 Z 轴方向总退刀量 ΔK 除以循环次数 d 求得。总退刀量 Δi 与 ΔK 值的设定与工件的切削深度有关。

使用固定形状切削复合循环指令，首先要确定换刀点、循环点 A、切削始点 A′和切削终点 B 的坐标位置。分析上道例题，A 点为循环点，A′→B 是工件的轮廓线，A→A′→B 为刀具的精加工路线，粗加工时刀具从 A 点后退至 C 点，后退距离分别为 $\Delta i+\Delta u/2$，$\Delta k+\Delta w$，这样粗加工循环之后自动留出精加工余量 $\Delta u/2$、Δw。顺序号 n_s 至 n_f 之间的程序段描述刀具切削加工的路线。

例：如图 3-11 所示，运用固定形状切削复合循环指令编程。

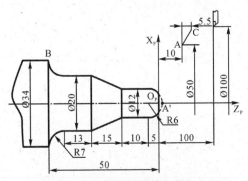

图 3-11　固定形状切削复合循环应用

```
N010   G50   X100   Z100
N020   G00   X50   Z10
N030   G73   U18   W5   R10
N040   G73   P50   Q100   U0.5   W0.5   F100
N050   G01   X0   Z1
N060   G03   X12   W-6   R6
N070   G01   W-10
N080   X20   W-15
N090   W-13
N100   G02   X34   W-7   R7
N110   G70   P50   Q100   F30
```

注意:用 G73 粗切后,用 G70 进行精加工。

在 G70 到 G73 程序段中不能调用子程序。

(二)实例程序(图 3-9)

选用刀具:T100 外圆粗车刀

　　　　　T400 外圆精车刀

　　　　　T300　4mm 车槽刀

参考程序:

```
O0002
Tek  G40   G97   G99
     T0101   M03   S800
     G42   G00   X35   Z2
     G73   U15   W0   R15
     G73   P1   Q2   U0.3   W0.05   F0.2
     N1   G0   X0
     G01   Z0
     G03   X17.888   Z-10   R9
     G03   X20   Z-28   R14
     G01   Z-47
     G02   X30   Z-52   R5
     N2   G01   Z-58
     G00   X100   Z100
     T0404   M03   S1800
G40  G00   X35   Z2
     G70   P1   Q2   F0.1
     G00   X100   Z100
```

M05
M30

任务四　切槽复合循环加工

一、教学目标

(1)掌握外圆槽加工指令 G75 的编程方法。
(2)掌握端面槽加工指令 G74 的编程方法。

二、工作任务

零件如图 3-12 所示：

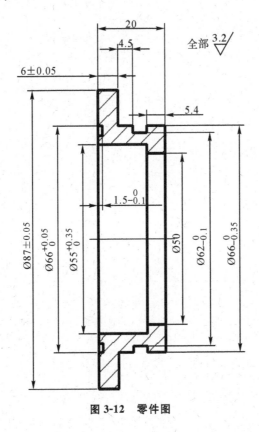

图 3-12　零件图

三、操作实施

1. 程序编制
程序编制的详细情况如表 3-3 所示：

表 3-3　程序指令及说明

刀　具	1号:外切槽刀(刀宽3mm)　　2号:内切槽刀　　3号:端面槽刀(刀宽为21μm)	
程序号	加工程序	程序说明
	00001	加工右端外圆槽
…	…	加工右端内外圆轮廓
N100	G28　U0　W0	回参考点换1号刀
N110	T0101	
N120	M03　S400　M08	主轴正转,切削液开
N130	G00　X68　Z-8.4	刀具定位至循环起点
N140	G75　R0.3	加工外圆槽
N150	G75　X62　Z-9.5　P2000　Q1500	
N160	G28　U0　W0	程序结束
N170	M05　M09	
N180	M30	
N	00002	加工左端端面槽
N	…	加工左端外形
N100	G28　U0　W0	换刀
N110	T0303	
N120	M03　S400　M08	主轴正准
N130	G00　X66　Z2	至起刀点
N140	G74　R0.3	加工端面
N150	G74　X64　Z-1.5 P1000　Q1000　F50	
N160	G28　U0　W0	程序结束
N170	M05　M09	
N180	M30	

2.任务评价

任务分配内容如表3-4所示

表 3-4　任务配分表

项　目	序　号	技术要求	配　分	评分标准	检测记录	得　分
加工操作	1	$\varnothing 66_{-0.1}^{0}$ mm	5	超差扣分		
	2	$\varnothing 66_{-0.1}^{0}$ mm	5	超差扣分		
	3	$\varnothing 50$	5	超差扣分		
	4	$\varnothing 55_{0}^{+0.35}$ 0mm	4	超差扣分		
	5	$\varnothing 66_{0}^{+0.05}$ 0mm	4	超差扣分		
	6	4.5mm	4	超差扣分		
	7	$\varnothing 87 \pm 0.05$mm	4	超差扣分		
	8	5.4mm	4	超差扣分		
	9	6 ± 0.05mm	4	超差扣分		
	10	$4.1_{0}^{+0.25}$ mm	4	超差扣分		
	11	表面粗糙度好	6	每处 1 分		
	12	程序格式规范	10	每错一处扣 2 分		
	13	程序正确	10	每错一处扣 2 分		
	14	刀具设置正确	6	不合理扣 3 分		
	15	对刀操作	4	不正确全扣		
安全文明生产	16	文明生产	倒扣	不合格每处扣 5—10 分		

四、新知链接

(一)端面切槽循环 G74

1.指令格式

G74R ____。

G74X(U)Z ____ (W) ____ 　P ____ 　Q ____ 　R ____ 　F ____ 。

2.G74 的走刀路线详细说明

G74 的走刀路线如图 3-13 所示：

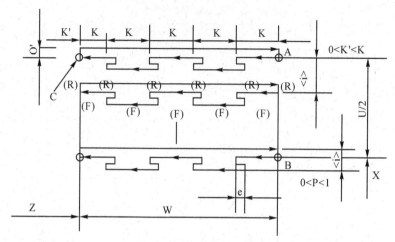

图 3-13　G74 的走刀路线

（1）先设循环起点，然后刀具从循环起点，沿着 X 轴快速下刀，然后沿着 Z 轴开始切削工件。切削一段之后，就停止前进，然后再沿着 Z 轴原路退刀，注意这个时候退刀只退出一点距离，目的是为了便于排屑。接着又开始沿着 Z 轴向前切削工件。然后又退刀，如此反复，直到刀尖达到 Z 轴最深处。

（2）其次，刀具开始沿 X 轴退刀，再沿 Z 轴快速回到切削起点。

（3）最后，刀具再沿着 X 轴开始快速进刀，接着又开始了沿着 Z 轴切削。

总之，G74 的刀路就是先沿 X 轴快速下刀，再分批沿 Z 轴进刀（注意理解"下刀"与"进刀"的区别）。每一个进刀过程就称为了一个刀段，每个刀段的动作就是，一进一退。进退不止，直至达到 Z 轴终点（注意，每个刀段的终点是以 Z 轴为标准，若 X 轴达到终点则整个 G74 循环就结束了）。

3. G74 的各个指令字的说明

（1）第一个 R 表示每个刀段的 Z 向退刀量，单位 mm。

（2）X 和 Z 就是切削终点坐标。

（3）U 和 W 就是切削终点相对于循环起点的坐标。

（4）P 表示 X 向的进刀量，也就是每两个相邻的刀段之前的 X 轴距离，单位 0.001mm。

（5）Q 表示每个刀段的 Z 向每次的进刀量，单位 0.001mm。

（6）R 表示 X 向退刀量，单位为 mm。

（7）F 表示切削速度。

4. 总结

可以这么来看，G74 分成两个部分：

（1）刀段与刀段之间的关系，也就是 X 向下刀与退刀。

（2）每个刀段之内的关系，也就是 Z 向进刀与退刀。

5. G74 编程实例

现有一毛坯为实心棒料，其直径为 Ø80mm，长度为 80mm。现在要求在端面上车一个环形槽，槽的最大直径为 40mm，最小直径为 20mm，深度为 5mm。

程序如下：

O2007

T0101

M03S600

G00X32Z5

G74R0.5

(二)径向切槽循环 G75

1.指令格式

G75　R(e)。

G75　X(u)　Z(w)　P(Δi)　Q(Δk)　R(Δd)　F(f)。

除 X 用 Z 代替外与 G74 相同,在本循环可处理断削,可在 X 轴割槽及 X 轴啄式钻孔。

2.走刀轨迹说明

走刀轨迹如图 3-14 所示：

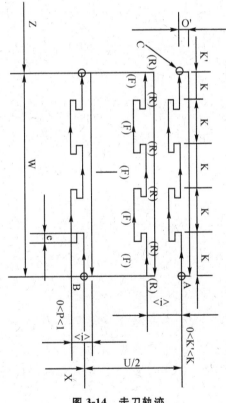

图 3-14　走刀轨迹

3.编程示例(图 3-15)

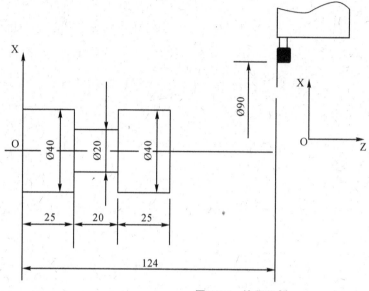

图 3-15   编程示例

加工槽,刀具宽度为 4mm,X 方向分为 4 次加工,Z 方向分 2 次加工。

N01	G50	X90	Z124			建立工件坐标系
N02	G00	X41	Z41	S600		刀具快速进刀
N03	G75	R0.5				切槽加工
N04	G75	X20	Z25	P3000	Q3000 F0.5	
N05	X90	Z124				退回参考点

任务五   螺纹复合循环加工

一、教学目标

(1)掌握螺纹循环加工指令 G92 的格式与编程方法。
(2)掌握螺纹循环加工指令 G76 的格式与编程方法。

二、工作任务

工作任务如图 3-16 所示:

选刀:1♯外圆刀,2♯螺纹刀,3♯切槽刀,切槽刀宽度 4mm,毛坯直径 Ø32mm,长度 80mm。

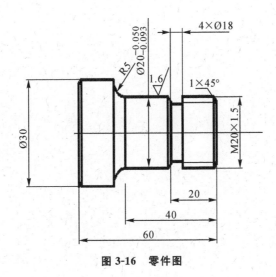

图 3-16　零件图

三、操作实施

(一)首先根据图纸要求按先主后次的加工原则,确定工艺路线

(1)加工外圆与端面。

(2)切槽。

(3)车螺纹。

(二)选择刀具,对刀,确定工件原点

根据加工要求需选用 3 把刀具,T01 号刀车外圆与端面,T02 号刀车螺纹,T03 号刀切槽。用试切法对刀以确定工件原点,此例中工件原点位于最右面。

(三)确定切削用量

(1)加工外圆与端面,粗车主轴转速 800r/min,精车 1800r/min,粗车进给速度 0.2mm/r。

(2)切槽,主轴转速 500r/min,进给速度 0.05mm/r。

(3)车螺纹,主轴转速 800r/min。

(四)编制加工程序

G40　G97　G99;

T0101　M03　S800;

G00　X37　Z2;

G71　U2　R0.5;

G71　P1　Q2　U0.3　W0.05　F0.2;

N1　G0　X17.85;

G01　Z0;

X19.85　Z-1;

Z-20;

X19.85；

Z-40；

X20；

G02　X30　Z-45　R5；

N2　G01　Z-60；

G00　X100　Z100；

T0101　M03　S1800；

G42　G00　X37　Z2；

G70　P1　Q2　F0.1；

G40　G00　X100　Z100；

T0303　M03　S500；

G00　X22　Z-20；

G01　X18　F0.05；

X22；

G00　X100　Z100；

T0202　M03　S800；

G00　X22　Z5；

G92　X19.85　Z-18　F1.5；

X19.2；

X18.7；

X18.4；

X18.1；

X18.05；

X18.05；

G00　X100　Z100；

M30；

四、新知链接

（一）螺纹循环加工 G92 的指令格式

该指令适用于对直螺纹和锥螺纹进行循环切削,每指定一次,螺纹切削自动进行一次循环。其用法和轨迹与 G90 直线车削循环类似,如图 3-17(a)所示。

1.直螺纹切削

格式：G92　X(U)＿＿＿　Z(W)＿＿＿　F ＿＿＿。其中 X(U)＿＿＿　Z(W)＿＿＿为车削循环中车削进给路径的终点坐标,F 为螺纹螺距,如图 3-17(a)。

2.锥螺纹切削

如图 3-17(b)。

格式:G92　X(U)＿＿＿　Z(W)＿＿＿　R＿＿＿　F＿＿＿。其中 X(U)＿＿＿　Z(W)为车削循环中车削进给路径的终点坐标,F 为螺纹螺距,R 为起点半径相对于终点半径之差。

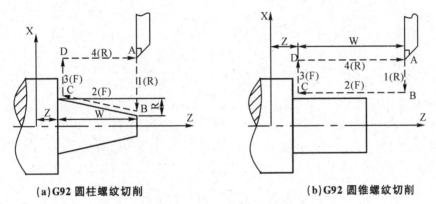

(a)G92 圆柱螺纹切削　　　　　　　(b)G92 圆锥螺纹切削

图 3-17　G92 圆柱螺纹切削和 G92 圆锥螺纹切削

(二)螺纹循环加工 G76 的指令格式

1.指令格式

该指令用于多次自动循环车螺纹,数控加工程序中只需指定一次,并在指令中定义好有关参数,则能自动进行加工。车削过程中,除第一次车削深度外,其余各次车削深度自动计算,故程序比 G92 还短,如图 3-18 所示:

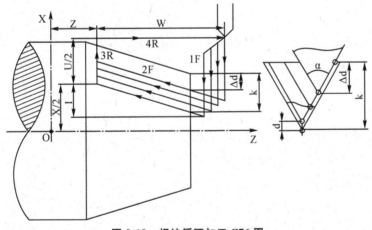

图 3-18　螺纹循环加工 G76 图

其指令格式如下:

G76　P(m)　(r)　(α)　Q(Δd_{min})　R(d)。

G76　X(U)　Z(W)　R(i)　P(k)　Q(Δd)　F(l)。

指令中各项的意义如下。

m:精车车削次数,必须用两位数表示,范围从 01—99。

r:螺纹末端倒角量,必须用两位数表示,范围从 00—99,例如 r＝10,则倒角量＝10×0.1×导程。

α:刀具角度,有 0°,29°,30°,55°,60°等几种。m,r,α 都必须用两位数表示,同时由 P 指定。例如 P021060 表示精车削两次,末端倒角量为一个螺距长,刀具角度为 60°。

Δd_{min}:最小切削深度,是半径值。车削过程中每次车削深度为($\Delta d\sqrt{n}-\Delta d\sqrt{n-1}$)。若自动计算而得的切削深度小于 Δd_{min} 时,以 Δd_{min} 为准,此数值不可用小数点方式表示。例如 $\Delta d_{min}=0.02mm$,需写成 Q20。

d:精车余量。

X(U),Z(W):螺纹终点坐标。X 即螺纹的小径,Z 即螺纹的长度。

i:车削锥度螺纹时,终点 B 到起点 A 的向量值。若 i=0 或省略,则表示车削圆柱螺纹。

k:X 轴方向之螺纹深度,以半径值表示。注意:0T 的 k 不可用小数点方式表示数值。

Δd:第一刀切削深度,以半径值表示,该值不能用小数点方式表示,例如 $\Delta d=0.6mm$,需写成 Q600。

F(l):螺纹的螺距。

2. 编程示例(图 3-19)

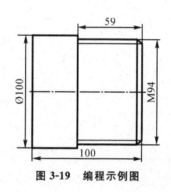

图 3-19　编程示例图

T0101　　　　　　　　　　　　　　　　刀具补偿

M03　S800

G0　X105　Z2

G76　P010060　Q100　R0.1　　　　　调用螺纹切削循环

G76　X94　Z-59　P1200　Q400　F2

G0　X110　Z110

T0100　　　　　　　　　　　　　　　　取消刀具补偿

M05

M30

项目四 套类零件的加工

任务一 直通孔的加工

一、任务情景

现有 GSK980TDa 系统的 CAK6140 数控车床和常用工夹量具的设备条件,请完成如图 4-1 所示零件图的单件生产加工,毛坯 Ø60mm×80mm 的 45♯钢棒。

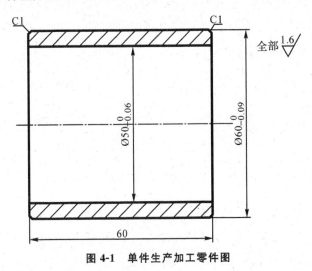

图 4-1 单件生产加工零件图

二、任务要求

(1)图样分析拟定加工工艺规程。

(2)正确选择切削用量与刀具。

(3)编写加工程序并进行仿真加工。

(4)填写工艺文件。

(5)加工实施。

(6)质量分析提出改善方案。

三、新知链接——内孔的检测

内孔如图 4-2 所示:

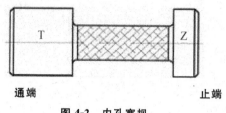

通端　　　　　　　　　　　　　　　止端

图 4-2　内孔塞规

1. 用塞规测量

（1）合格：通端能通过，止通不过。

（2）不合格：孔尺寸小：通端不能通过，止端通不过。

（3）不合格：孔尺寸大：通端通过，止端通过。

2. 用内径百分表测量

　　内径百分表是用对比法测量孔径，它是将百分表装夹在测架上，触头通过摆动块杆，将测量值一比一传递给百分表，固定测量头可根据孔径大小更换。为了便于测量，测头旁边装有定心器。由于是对比法测量，因此使用时先根据被测量工件的内孔直径，用千分尺或对规将百分表对准"零"位后，方可测量。测量时，将触头伸入孔内，做左右或上下摆动，找出百分表的最小值，即触头与圆柱表面的垂直距离就是孔径的尺寸。

　　内径百分表如图 4-3 所示。

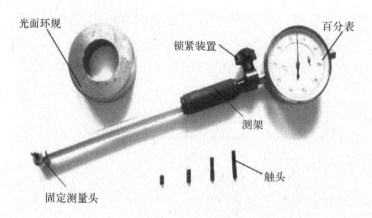

内径量表（0.01mm）

图 4-3　内径百分表

四、任务实施

1. 工艺分析

　　该零件有外圆、倒角、通孔等加工表面，其中 Ø60mm 外圆和 Ø50mm 内孔的表面粗糙度及尺寸精度较高，应分粗、精加工。因通孔直径为 Ø50mm，可用（钻孔—粗镗孔—精镗孔）的方法加工。因毛坯足够长，可采用一次装夹零件完成各个表面的加工。

2. 数值计算

　　Ø60mm 外圆的编程尺寸＝60＋（上偏差与下偏差之和的一半）

$$=60+(0.09+0)/2=60.045。$$

$\varnothing$50mm 外圆的编程尺寸 $=60+$（上偏差与下偏差之和的一半）

$$=50+(0.06+0)/2=50.03。$$

3.加工过程

(1)车端面,钻中心孔。

(2)对刀,设置编程原点 O 在零件的右端面中心。

(3)用 $\varnothing$45mm 钻头手动钻内孔。

(4)换镗刀,镗 $\varnothing$50mm 孔至要求尺寸。

(5)粗、精车 $\varnothing$60mm 外圆、倒右角。

(6)换切刀,车左倒角、切断。

4.选择刀具

(1)选中心钻,$\varnothing$45mm 钻头置于尾座。

(2)选硬质合金通孔镗刀,刀尖半径 R=0.4mm,刀尖方位角 T=2,置于 T2 刀位。

(3)选硬质合金 90°车刀,加工倒角及外圆,刀尖半径 R=0.4mm,刀尖方位角 T=3,置于 T1 刀位。

(4)选切刀(刀宽 4mm),用于切断,左刀尖为刀位点,置于 T3 刀位。

5.确定切削用量(查切削用量表)

根据车床、金属加工工艺手册以及实际加工经验所得切削用量如表 4-1 所示。

表 4-1 金属加工工艺手册及实际加工经验所得切削用量

加工内容	背吃刀量 a_p(mm)	进给量 f(mm/r)	转速 n(r/min)
粗车外圆	2	0.2	800
精车外圆	0.15	0.1	1 800
粗镗孔	1	0.2	800
精镗孔	0.15	0.1	1 800
切断	4	0.05	500

6.编程

程序指令的相关内容如表 4-2 所示:

表 4-2 程序指令及说明

程 序	说 明
00011	主程序名
T0101	换刀

程　序	说　明
M3S800	主轴正传,转速为 800r/min
G0X100Z100	运行到换刀点
G41X49Z2	快速进刀,设置刀具补偿
M8	开切削液
G1Z-64F0.2	粗车 Ø50 孔,设进给量为 0.2mm/r
G0X47Z2	快速退刀
X50.018　S1800	快速进刀,设置主轴转速为 1 800r/min,准备精车孔
G1Z-64F0.1	精车孔,设置进给量为 0.1mm/r
G40G01X47	取消刀具补偿
G0Z2	快速推到
X100Z100	回换刀点
M9	关切削液
T0202M3S800	换 90°车刀,设主轴转速为 800r/min
M8	开切削液
G42G0X61Z2	设置刀具补偿,快速进刀准备粗车 Ø60 外圆
G1Z-64F0.25	粗车 Ø60 外圆,进给量为 0.25mm/r
G0X62Z2	快速退刀
X60S1800	快速退刀,设主轴转速为 1 800r/min
G01Z0	快速进刀至端面
X57.984	车端面
X59.984Z-1F0.1	倒角,设置进给量为 0.1mm/r,准备精车外圆
Z-64	精车外圆 Ø60
G40G1X65	取消刀具补偿
G0X100Z100	快速退刀至换刀点
M9	关闭切削液
T0303	换切刀
M8M3S500	开切削液
G0X62　Z-64	快速进刀,设置主轴转速为 500r/min,准备切槽
G1X58F0.05	车槽设置进给量为 0.05mm/r
X62	退刀
G0Z-63	移刀
G1X59.984	慢速进刀

程 序	说 明
X57.984Z-64	切左倒角
X48	切断
G0X100Z100	快速退刀至换刀点
M30	程序结束并返回起始点

五、试加工与优化

(1)开机。

(2)回零。

(3)手动移动机床,使机床各轴的位置离机床零点有一定的距离。

(4)输入程序。

(5)调用程序。

(6)安装工件。

(7)装刀并对刀。

(8)让刀具退到距离工件较远距离。

(9)自动加工。

(10)测量工件。

六、工件质量检验记录

质量检验相关内容如表4-3所示:

表4-3 质量检测记录表

项目名称		零件名称		
序 号	检验项目	自检测值	老师检测值	得 分

任务二 台阶孔的加工

一、任务情景

现有 GSK980TDa 系统的 CAK6140 数控车床和常用工夹量具的设备条件,请完成如图 4-4 所示零件图的单件生产加工,毛坯 Ø50mm×65mm 的 45♯ 钢棒。

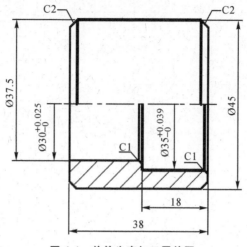

图 4-4　单件生产加工零件图

二、任务要求

(1)图样分析拟定加工工艺规程。

(2)正确选择切削用量与刀具。

(3)编写加工程序并进行仿真加工。

(4)填写工艺文件。

(5)加工实施。

(6)质量分析提出改善方案。

三、任务实施

1.工艺分析

该零件有外圆、台阶孔、内倒角、外倒角等加工表面,表面的粗糙度要求较高,应分粗、精加工。因孔的最小尺寸为 $\varnothing30mm$,可用钻孔—粗镗孔—精镗孔的加工方法加工。其中 $\varnothing35mm$, $\varnothing30mm$ 有尺寸精度要求,取极限尺寸的平均值进行加工,由于棒料较长,可采用一次装夹零件完成各表面的加工。

2.数值计算

$\varnothing30mm$ 外圆的编程尺寸=30+(上偏差与下偏差之和的一半)

$$=30+(0.025+0)/2=30.0125。$$

$\varnothing35mm$ 外圆的编程尺寸=35+(上偏差与下偏差之和的一半)

$$=35+(0.039+0)=35.0195。$$

3.加工过程

(1)车端面。

(2)用 $\varnothing28mm$ 钻头手动钻内孔。

(3)粗精车外圆、倒角。

(4)换镗刀粗、精镗阶梯孔。

(5)换切刀、切断。

(6)左调头倒角。

4.选择刀具

(1)选中心钻,$\varnothing$28mm钻头置于尾座。

(2)选硬质合金93°车刀加工外圆及倒角,刀尖半径 R＝0.4mm,刀尖方位角 T＝3,置于 T1 刀位。

(3)选硬质合金镗刀加工阶梯孔及内倒角,刀尖半径 R＝0.4mm,刀尖方位角 T＝3,置于 T2 刀位。

(4)选切刀(刀宽 4mm),车左倒角,切刀,置于 T3 刀位。

5.确定切削用量

切削用量情况如表4-4 所示:

表 4-4 切削用量表

加工内容	背吃刀量 a_p(mm)	进给量 f(mm/r)	主轴转速 n(r/min)
粗车 $\varnothing$45mm 外圆	2	0.2	800
精车 $\varnothing$45mm 外圆	0.5	0.1	1 800
外倒角	2	0.1	800
粗镗 $\varnothing$35mm 孔	1	0.15	800
精镗 $\varnothing$35mm 孔、$\varnothing$30mm 孔	0.5	0.1	1 800
切断	4	0.05	500

6.编程

编程指令具体情况如表4-5 所示:

表 4-5 程序指令及说明

程 序	说 明
O0012	主程序名
T0101	换镗刀
M3S800	设主轴转速,为 800r/min
M8	开切削液
G41G0X31Z2	设置刀具左补偿,快速进刀准备粗镗 $\varnothing$35 内孔第一刀
G1Z-18F0.15	粗车内孔,设进给量为 0.15mm/r
X30	慢速退刀
G0Z2	快速退刀
X34	快速进刀,准备粗车 $\varnothing$35 内孔第二刀
G1Z-18	粗车 $\varnothing$35 内孔

程　序	说　明
X29	慢速退刀,准备粗车 Ø35mm 内孔第三刀
G1Z-42	粗车 Ø30mm 内孔
X28	慢速退刀
G0Z2S1800	快速退刀,准备车内倒角设主轴转速为 1 800r/min
G1Z0F0.1	慢速进刀至端面准备车倒角,设进给量为 0.1mm/r
X35Z-1	车内倒角
Z-18F0.1	精镗 Ø35mm 内孔
X32.013	精镗内孔端面
X30.013　Z-19	车内倒角
Z-42	精镗粗车 Ø30mm 内孔
X28	慢速退刀
G0Z2	快速退刀
G40G0X100Z100	取消刀具补偿,快速退刀
M9	关闭切削液
T0202	换 93°偏刀
M8	开切削液
G42G0X46Z2	设置刀具右补偿,快速进刀,准备车 Ø45mm 外圆
G1Z-42F0.25	粗车外圆 Ø45mm 外圆,设置进给量为 0.25mm/r
G0X48Z2	快速退刀
X41S800	快速进到,准备倒角设置主轴转速为 800r/min
G1Z0F0.1	快速退刀至端面,准备倒角,设置进给量为 0.1mm/r
X45Z-2S1800	倒角,设置主轴转速为 1 800r/min,准备精车外圆
X-42	精车 Ø45mm 外圆
G40G0X100Z100	取消刀具补偿,快速退刀至换刀点
M9	关闭切削液
T0303	换刀
M8	开切削液
G0X52Z-42S350	快速进刀,设主轴转速为 350r/min 准备切槽
G1X41F0.05	车槽,设进给量为 0.05
X47	退刀
G0Z-40	移刀
G1X15	慢速退刀,准备车左倒角

续 表

程 序	说 明
X41Z-42	车左倒角
X28	切断
G0X100Z100	快速退刀至换刀点
M30	程序结束并返回到程序起始点

7. 工件质量检验记录

工件质量检验如表 4-6 所示：

表 4-6 质量检验记录表

项目名称		零件名称		
序 号	检验项目	自检测值	老师检测值	得 分

任务三 内螺纹的加工

一、任务情景

现有 GSK980TDa 系统的 CAK6140 数控车床和常用工夹量具的设备条件，请完成如图 4-5 所示零件图的单件生产加工，毛坯 Ø60mm×55mm 的 45♯钢棒，并且底孔 Ø30mm 已车完。

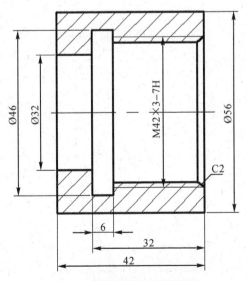

图 4-5 单件生产加工零件图

二、任务要求

(1)图样分析拟定加工工艺规程。

(2)正确选择切削用量与刀具。

(3)编写加工程序并进行仿真加工。

(4)填写工艺文件。

(5)加工实施。

(6)质量分析提出改善方案。

(7)新知识连接。

(一)螺纹车刀的选用

螺纹车刀型号及其含义如图 4-6 所示。

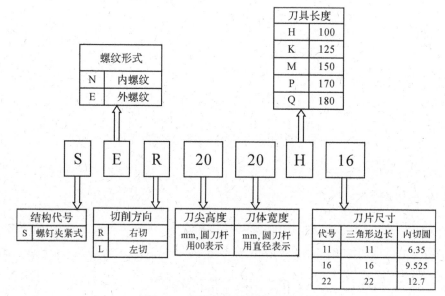

图 4-6　螺纹车刀型号及其含义

(二)车螺纹切削用量的选择

1.背吃刀量和走刀次数的确定

车螺纹的切深方式有:常量式和递减式两种,分别如图 4-7 及图 4-8 所示。

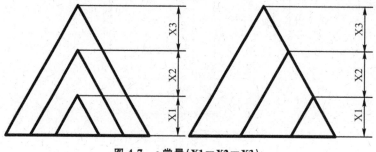

图 4-7　c 常量(X1＝X2＝X3)

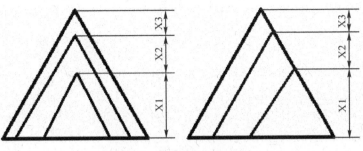

图 4-8 递减（X1＜X2＜X3）

一般采用递减式，走刀次数和进刀的大小会直接影响螺纹的加工质量，如表 4-7 所示。

表 4-7 米制螺纹切削的进给次数与背刀力量（mm）

螺距		1.0	1.5	2.0	2.5	3.0	3.5	4.0
牙深		0.65	0.975	1.3	1.625	1.95	2.275	2.6
背吃刀量及切削次数	第1次	0.3	0.4	0.4	0.4	0.4	0.4	0.4
	第2次	0.2	0.2	0.3	0.3	0.3	0.3	0.4
	第3次	0.15	0.2	0.3	0.3	0.3	0.3	0.3
	第4次		0.175	0.2	0.3	0.3	0.3	0.3
	第5次			0.1	0.2	0.3	0.3	0.3
	第6次				0.125	0.2	0.3	0.3
	第7次					0.15	0.2	0.3
	第8次						0.175	0.2
	第9次							0.1

2. 螺纹车刀的对刀

与内孔车刀的对刀方法差不多，车螺纹时由于切削的挤压作用，内孔直径会缩小。所以车螺纹前孔径要略大于小径基本尺寸，一般可按下式计算：

车塑性金属时：$D_孔 = D - P$；

车脆性金属时：$D_孔 = D - 1.05P$；

式中 D 为大径；P 为螺距。

三、任务实施

1. 工艺分析

该零件有孔、内倒角等加工表面，表面的粗糙度都要求较高，应分为粗加工，精加工。可用钻孔—粗镗孔—精镗孔—切槽—车螺纹的加工方式加工。为保证内外表面有较高的同轴度，采用一次装夹方式完成加工。

2. 数值计算

螺纹加工尺寸计算：

内螺纹孔底的直径 $D_{孔}=D-P=42-3=39mm$；

内螺纹实际牙型高度 $H=0.65P=0.65\times3=1.95mm$；

内螺纹实际大径 $D=42mm$；

内螺纹小径 $D_{小径}=D-1.3P=42-1.3\times3=39.1mm$；

升速进刀和减速进刀分别取 5mm，2mm。

确定切削用量，查表取得双边为 1.95mm，分 7 刀切削，分别为 0.4mm，0.3mmm，0.3mm，0.3mm，0.3mm，0.2mm，0.15mm。

进经给量 $f=p=3mm$。

3. 工艺确定

(1)车端面，钻中心孔。

(2)Ø30mm 麻花钻钻孔。

(3)换镗刀，孔口倒角、粗镗内孔、精镗内孔。

(4)切槽。

(4)换螺纹车刀，车螺纹。

4. 选择刀具

(1)Ø30mm 钻头置于尾座。

(2)选硬质合金镗孔刀，刀尖半径 R=0.4mm，刀尖方位 T=1 置于 T1 刀位。

(3)选硬质合金内孔螺纹刀车螺纹，以左刀尖为刀位点 T=2 置于 T2 刀位。

5. 确定切削用量

切削用量情况如表 4-8 所示：

表 4-8　切削用量表

加工内容	背吃刀量 a_p(mm)	进给量 f(mm/r)	主轴转速 n(r/min)
粗镗 Ø30 孔	1	0.15	800
内倒角	1	0.1	800
车螺纹		2	800

6. 编程

编程指令具体情况如表 4-9 所示：

表 4-9　程序内容及注释

程序	说明
O0001	主程序名
G40　G97　G99	取消刀尖圆弧半径补偿;恒转速;每转进给量
T0101　M03　S800	换 1 号刀，主轴正传，转速为 800r/min
G00　X28　Z2	运行到循环起点

续　表

程序	说明
G71　U1　R0.5	内孔粗加工循环
G71　P1　Q2　U-0.3　W0　F0.2	
N1　G0　X43.1	孔的轮廓
G01　Z0	
X39.1　Z-2	
Z-32	
X32	
N2　Z-43	
G0　X100　Z100	回换刀点
T0101　M03　S1800	转速 1800r/min
G41　G0　X28　Z3	刀尖半径左补偿
G70　P1　Q2　F0.1	精车孔轮廓
G40　G00　X100　Z100	刀尖半径左补偿并回换刀点
T0202　M03　S500	换 2 号切槽刀；主轴正转转速 500r/min
G0　X38　Z-29	定位
G01　X46　F0.05	切槽没转进给量 0.05mm/r
X38	退刀
Z-32	平移
X46	切槽
X38	退刀
G0　Z100	Z 向先退刀
X100	X 退刀
M30	程序结束并返回起始点
T0303　M03　S800	换 3 号螺纹刀，主轴正转转速 800r/min
G00　X35　Z5	快速定位到螺纹车削循环起点
G92　X39.1　Z-28　F3	螺纹车削
X40	进刀量递减
X40.5	
X40.9	
X41.2	
X41.5	
X41.8	

程序	说明
X41.9	
X42	
X42	
G00　X100　Z100	快速退刀至换刀点
M30	程序结束并返回起始点

7. 试加工与优化

(1)开机。

(2)回零。

(3)手动移动机床,使机床各轴的位置离机床零点有一定的距离。

(4)输入程序。

(5)调用程序。

(6)安装工件。

(7)装刀并对刀。

(8)让刀具退到距离工件较远距离。

(9)自动加工。

(10)测量工件。

8. 工件质量检验记录

工件质量检验内容如表 4-10 所示:

表 4-10　质量检验记录表

项目名称		零件名称		
序　号	检验项目	自检测值	老师检测值	得　分

项目五 典型零件加工

任务一 带内孔锥螺纹轴的加工

一、任务情景

现有 GSK980TDa 系统的 CAK6140 数控车床和常用工夹量具的设备条件,请完成如图 5-1 所示零件图的单件生产加工,毛坯 Ø65mm×85mm 的 45♯钢棒。

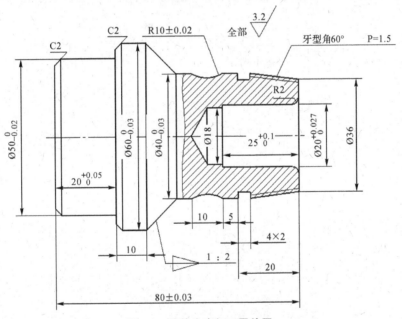

图 5-1 单件生产加工零件图

二、任务要求

(1)图样分析,拟定加工工艺规程。

(2)正确选择切削用量与刀具。

(3)编写加工程序并进行仿真加工。

(4)填写工艺文件。

(5)加工实施。

(6)质量分析,提出改善方案。

三、任务实施

1.工艺文件评分细则

工艺文件评分细则如表 5-1 所示：

表 5-1 工艺文件评分细则表

序　号	评　分　内　容		配　分	扣分要点
1	数控加工工序卡	编制规范	5 分	基本规范扣 2 分,不规范不得分
		工步合理性	5 分	基本合理扣 3 分,不合理不得分
合　计			10 分	

2.加工检测配分表

加工检测配分情况如表 5-2 所示：

表 5-2 加工检测配分表

序　号	考核项目	考核内容及要求		评分标准	配　分	检测结果	扣　分	得　分	备　注
1	仿真	仿真结果		不合要求酌情扣分	20				
2	长度尺寸	80 ± 0.03		超差不得分	4				
		20		不合要求不得分	2				
		10		不合要求不得分	2				
		$25^{+0.1}_{0}$		超差不得分	3				
		5		不合要求不得分	2				
		$20^{+0.05}_{0}$		超差不得分	3				
3	外圆、内孔尺寸	$\varnothing50^{0}_{-0.02}$	IT	每超差 0.01 扣 2 分	4				
		$\varnothing40^{0}_{-0.03}$	IT	每超差 0.01 扣 2 分	4				
		$\varnothing60^{0}_{-0.03}$	IT	每超差 0.01 扣 2 分	4				
		$\varnothing20^{+0.027}_{0}$	IT	每超差 0.01 扣 2 分	4				
		$\varnothing36$	IT	不合要求不得分	22				
4	槽宽	4×2		超差不得分	2				
5	圆弧	圆弧(凹)		不合要求不得分	5				

续　表

序　号	考核项目	考核内容及要求	评分标准	配　分	检测结果	扣　分	得　分	备　注
6	螺纹	锥螺纹（外）	超差不得分	5				
7	倒角锥度及粗糙度	C2（两处）	不合要求不得分	4				
		R2	不合要求不得分	1				
		锥度1∶2	不合要求不得分	2				
		Ra3.2	不合要求不得分	2				
8	安全文明生产	操作规范	不合要求不得分	5				
		量具摆放和使用	不合要求不得分	5				
		机床维护和卫生	不合要求不得分	5				

3.工艺分析

(1)按先主后次,先粗后精的加工原则确定加工路线,先手动平右端端面、钻 Ø18 的底孔,再加工左端外形,然后加工右端外形、退刀槽、螺纹,最后加工内孔。

(2)此件需调头两端加工,为了使接刀无痕,在加工左端时伸出长度大于 30 并加工过 Ø60mm 外圆长度。

(3)加工右端外形时可通过 CAD 绘图求得加工 R10mm 圆弧面所需最小主副偏角为 30°及最大深为 1.34mm,所以次面需另装一把主偏角 90°副偏角大于 30°的外圆尖刀。

(4)图 5-3 中未直接标注锥面长度,故需计算 L＝(D－d)×锥度＝(60－40)×1/2＝10。

表 5-3　数控加工工序卡(仅作参考)

工　步	工步内容	刀具号	刀具规格	主轴转速 r/min	进给速度 mm/min	吃刀量 mm	备　注
1	平端面/打底孔	钻头/端面刀	Ø18mm 钻头/45°端面刀	500	手动	手动	
2	粗、精工件左端（伸出长＞30）	T01	机夹 90°正偏刀	800/1 000	200/80	2/0.5	
3	调头包铜皮夹 Ø50 外圆加工右端外形	T01	机夹 90°正偏刀	800/1 000	200/80	2/0.5	
4	加工 R10mm 圆弧面	T02	35°刀尖角正偏刀	1 000	100/50	1/0.34	
5	加工 4×2 退刀槽	T03	4mm 切槽刀	500	30	4	

续　表

工　步	工步内容	刀具号	刀具规格	主轴转速 r/min	进给速度 mm/min	吃刀量 mm	备　注
6	加工锥螺纹	T04	60°螺纹刀	500	1.5×500	分层	
7	加工内孔	T05	盲孔刀	800	80	1	

任务二　轴套类零件的加工

一、任务情景

现有 GSK980TDa 系统的 CAK6140 数控车床和常用工夹量具的设备条件,请完成如图 5-2 所示零件图的单件生产加工,毛坯 Ø55mm×82mm 的 45♯钢棒。

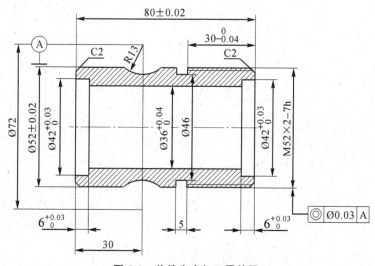

图 5-2　单件生产加工零件图

二、任务要求

(1)图样分析,拟定加工工艺规程。

(2)正确选择切削用量与刀具。

(3)编写加工程序并进行仿真加工。

(4)填写工艺文件。

(5)加工实施。

(6)质量分析,提出改善方案。

三、新知链接——刀尖圆弧半径补偿的应用

1.补偿原因

试切,试靠,对刀的过程说明了对于带刀尖圆弧的车刀刀位点实际是车刀外的某一点,如图 5-3 所示。

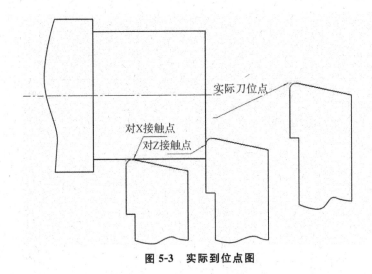

图 5-3 实际到位点图

按零件轮廓编程时,走刀轨迹描述了刀位点的运动轨迹,观察图 5-4 可知在切锥面和圆弧面时会产生欠切和过切,所以需进行补偿。

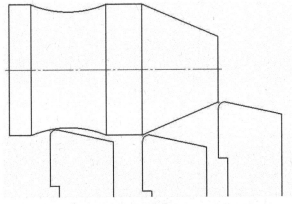

图 5-4 切锥面和圆弧面时的欠切和过切图

2.补偿方法

只需提供刀尖方位信息、刀尖圆弧半径及补偿方向(左补偿 G41,右补偿 G42),机床自动计算并能实现正确补偿。

不同类型的车刀刀尖方位信息用刀尖方位代号表达,与刀尖圆弧半径一起输入到刀具补偿表中 T 和 R 项,通过刀具功能字与刀偏补偿一起调用。

四、任务实施

1.工艺文件评分细则

工艺文件评分细则如表 5-4 所示:

表 5-4 工艺文件评分细则

序号	评 分 内 容		配分	扣分要点
1	数控加工 工序卡	编制规范	5分	基本规范扣2分,不规范不得分
		工步合理性	5分	基本合理扣3分,不合理不得分
合　计			10分	

2.加工检测配分表

加工检测配分情况如表 5-5 所示:

表 5-5　加工检测配分表

序　号	考核 项目	考核内容 及要求		评分标准	配　分	检测结果	扣　分	得　分	备　注
1	仿真	仿真结果		不合要求 酌情扣分	20				
2	长度 尺寸	80 ± 0.02		超差不得分	4				
		30		不合要求 不得分	2				
		5		不合要求 不得分	2				
		$30_{-0.04}^{0}$		超差不得分	3				
		$6_{0}^{+0.03}$(两处)		超差不得分	5				
3	外圆、 内孔 尺寸	$\varnothing52\pm0.02$	IT	每超差 0.01 扣 2 分	4				
		$\varnothing36_{0}^{+0.04}$	IT	每超差 0.01 扣 2 分	4				
		$\varnothing42_{0}^{+0.03}$ (两处)	IT	每超差 0.01 扣 2 分	4				
		$\varnothing72$	IT	不合要求 不得分	2				
		$\varnothing46$	IT	不合要求 不得分	2				
4	槽宽	$5\times\varnothing46$		不合要求 不得分	2				
5	圆弧	圆弧(凹)　R13		不合要求 不得分	3				
6	螺纹	$M52\times2$-7h		超差不 得分	5				

序　号	考核项目	考核内容及要求	评分标准	配　分	检测结果	扣　分	得　分	备　注
7	倒角粗糙度及同轴度	C2(两处)	不合要求不得分	1				
		◎ Ø0.03 A	不合要求不得分	1				
		Ra3.2	不合要求不得分	1				
8	安全文明生产	操作规范	不合要求不得分	5				
		量具摆放和使用	不合要求不得分	5				
		机床维护和卫生	不合要求不得分	5				

3.工艺分析

(1)零件在加工技术要求中需保证同轴度的位置公差。

(2)编程坐标系定在工件端面中心,采用三爪自定心卡盘装夹。

(3)零件加工需要 Ø30 麻花钻,主偏角 90°、副偏角 40°的外圆车刀,螺纹车刀,切槽刀,内孔车刀。

(4)加工顺序的选择:

①夹持棒料,伸出卡盘端面大于 45mm,找正后夹紧。

②平端面,钻底孔。

③用外圆车刀对零件左端进行粗精加工;保证 Ø52mm,R13mm 尺寸至图纸要求。

④用内孔车刀,采用 G90 对零件内孔进行粗、精加工,首先保证通孔 $Ø36^{+0.04}_{0}$,再保证 $Ø42^{+0.03}_{0}$。

⑤调头包铜皮夹 Ø52 外圆表面,伸出卡盘大于 37mm,保证总长尺寸至公差要求。

⑥采用外圆车刀将螺纹轴段外圆车至尺寸要求。

⑦加工内孔保证 $Ø42^{+0.03}_{0}$ 和 $6^{+0.03}_{0}$。

⑧切退刀槽和螺纹至尺寸。

(5)图 5-2 中未直接标注 R13 圆弧面起点和终点尺寸,需要计算。

用勾股定理计算半弦长即可得圆弧起终点位置,也可用 CAD 软件画出图中圆弧轮廓得半弦长 8.307mm,深 3mm。

数控加工工序卡如表 5-6 所示:

表 5-6　数控加工工序卡(仅作参考)

工　步	工步内容	刀具号	刀具规格	刀尖半径 mm	主轴转速 r/min	进给速度 mm/min	吃刀量 mm
1	平左端面钻、Ø30mm 内通孔		45°端面刀/A2 中心钻/Ø30mm 钻头		1 000/850/300	手动	手动
2	粗精车左端外圆	T01	90°正偏刀	0.3	800	200/80	2
3	粗精车内孔	T02	内孔车刀		800	100	1.5/0.3
4	调头平右端端面		45°端面刀		800	手动	手动
5	粗精车外圆	T01	90°正偏刀	0.3	800	100	2
6	粗精车内孔	T02	内孔车刀		800	100	1.5/0.3
7	加工螺纹退刀槽	T03	切槽刀		500	20	4
8	加工螺纹	T04	螺纹刀		500	2×500	分层
9							
10							
11							

五、任务评价及改善方案

任务评价及改善方案内容如表 5-7 所示:

表 5-7　数控加工工序卡(仅作参考)

	质量现象	问题原因	改善方案	改善结果
1				
2				
3				
4				

任务三　带内圆弧轮廓复合零件的加工

一、任务情景

现有 GSK980TDa 系统的 CAK6140 的数控车床和常用工夹量具的设备条件,请完成如图 5-5 所示零件图的单件生产加工,毛坯 Ø40mm×88mm 的 45♯钢棒。

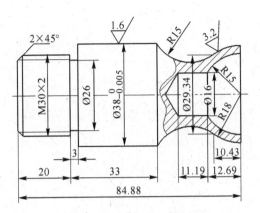

图 5-5   单件生产加工零件图

二、任务要求

(1)图样分析,拟定加工工艺规程。

(2)正确选择切削用量与刀具。

(3)编写加工程序并进行仿真加工。

(4)填写工艺文件。

(5)加工实施。

(6)质量分析,提出改善方案。

三、任务实施

1. 工艺文件评分细则(表 5-8)

表 5-8   工艺文件评分细则

序号	评 分 内 容		配分	扣分要点
1	数控加工工序卡	编制规范	5 分	基本规范扣 2 分,不规范不得分
		工步合理性	5 分	基本合理扣 3 分,不合理不得分
合 计			10 分	

2. 加工检测配分表(表 5-9)

表 5-9   加工检测配分表

序号	考核项目	考核内容及要求	评分标准	配分	检测结果	扣分	得分	备注
1	仿真	仿真结果	不合要求酌情扣分	20				

续　表

序号	考核项目	考核内容及要求		评分标准	配分	检测结果	扣分	得分	备注
2	长度尺寸	84.88		按 IT14 超差不得分	5				
		20		按 IT14 超差不得分	5				
		33		按 IT14 超差不得分	5				
		11.19		按 IT14 超差不得分	5				
		12.69		按 IT14 超差不得分	5				
3	外圆、内孔尺寸	$\varnothing38_{-0.005}^{0}$	IT	每超差 0.01 扣 2 分	5				
		$\varnothing16$	IT	按 IT14 超差不得分	5				
4	槽宽	$3\times\varnothing26$		不合要求不得分	5				
5	圆弧	圆弧(内外)		不合要求不得分	10				
6	螺纹	$M30\times2$		不合要求不得分	5				
7	倒角粗糙度	C2		不合要求不得分	5				
		Ra3.2		不合要求不得分	5				
8	安全文明生产	操作规范		不合要求不得分	5				
		量具摆放和使用		不合要求不得分	5				
		机床维护和卫生		不合要求不得分	5				

3. 工艺分析

(1)平两端端面保证总长尺寸 84.88mm,手动打 $\varnothing16$mm 底孔保证 11.19mm+12.69mm 尺寸。

(2)夹右端保证伸出长度大于 53mm,加工左端 $\varnothing38_{-0.005}^{0}$ 外圆,$3\times\varnothing26$ 螺纹退刀槽,C2 倒角和 $M30\times2$ 螺纹至尺寸。

(3)调头包铜皮夹 $\varnothing38_{-0.005}^{0}$ 外圆,加工内外圆弧面。应用 G73 加工外圆弧面时需要对 X 向最大余量厚度进行工艺计算,几何法或 CAD 查询法得 7.1mm,如图 5-6 所示。

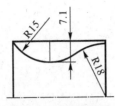

图 5-6 工艺分析图

数控加工工序卡如表 5-10 所示:

表 5-10 数控加工工序卡(仅作参考)

工步	工步内容	刀具号	刀具规格	刀尖半径 mm	主轴转速 r/min	进给速度 mm/min	吃刀量 mm
1	平两端面，钻 Ø16 底孔		45°端面刀/A2 中心钻/Ø16mm 钻头		1 000/850/500	手动	手动
2	粗精车左端外圆台阶和倒角	T01	90°正偏刀		800	200/80	2
3	切 3×Ø26 槽	T02	3mm 切槽刀		500	50	3
4	车 M30×2 螺纹	T03	60°螺纹刀		500	2	分层
5	调头加工外圆弧面	T04	35°正偏刀		800	100	1/0.3
6	加工内圆弧面	T05	内孔车刀		800	100	1.5/0.3

附录一 职业技能鉴定国家题库车工（数控）中级理论知识试卷

注 意 事 项

1. 考试时间：120min。
2. 本试卷依据 2001 年颁布的《车工国家职业标准》命制。
3. 请首先按要求在试卷的标封处填写您的姓名、准考证号和所在单位的名称。
4. 请仔细阅读各种题目的回答要求，在规定的位置填写您的答案。
5. 不要在试卷上乱写乱画，不要在标封区填写无关的内容。

	一	二	总 分
得 分			

得 分	
评分人	

一、单项选择（第 1 题～第 160 题。选择一个正确的答案，将相应的字母填入题内的括号中。每题 0.5 分，满分 80 分）

1. 职业道德是（　　）。

A. 社会主义道德体系的重要组成部分　　　　B. 保障从业者利益的前提

C. 劳动合同订立的基础　　　　D. 劳动者的日常行为规则

2. 职业道德基本规范不包括（　　）。

A. 遵纪守法廉洁奉公　　　　B. 公平竞争，依法办事

C. 爱岗敬业忠于职守　　　　D. 服务群众奉献社会

3. （　　）就是要求把自己职业范围内的工作做好。

A. 爱岗敬业　　　　B. 奉献社会　　　　C. 办事公道　　　　D. 忠于职守

4. 遵守法律法规不要求（　　）。

A. 遵守国家法律和政策　　　　B. 遵守劳动纪律

C. 遵守安全操作规程　　　　D. 延长劳动时间

5. 具有高度责任心应做到（　　）。

A. 责任心强，不辞辛苦，不怕麻烦　　　　B. 不徇私情，不谋私利

C. 讲信誉，重形象　　　　D. 光明磊落，表里如一

6.违反安全操作规程的是( )。

A. 自己制订生产工艺　　　　　　　　B. 贯彻安全生产规章制度

C. 加强法制观念　　　　　　　　　　D. 执行国家安全生产的法令、规定

7.不爱护设备的做法是( )。

A. 保持设备清洁　　　　　　　　　　B. 正确使用设备

C. 自己修理设备　　　　　　　　　　D. 及时保养设备

8.符合着装整洁文明生产的是( )。

A. 随便着衣　　　　　　　　　　　　B. 未执行规章制度

C. 在工作中吸烟　　　　　　　　　　D. 遵守安全技术操作规程

9.保持工作环境清洁有序不正确的是( )。

A. 毛坯、半成品按规定堆放整齐　　　B. 随时清除油污和积水

C. 通道上少放物品　　　　　　　　　D. 优化工作环境

10.将斜视图旋转配置时,( )。

A. 必须加注"旋转"二字　　　　　　　B. 必须加注旋转符号"向×旋转"

C. 必须加注"旋转度"　　　　　　　　D. 可省略标注

11.极限偏差和公差代号同时标注法适用于( )。

A. 成批生产　　　　　　　　　　　　B. 大批生产

C. 单间小批量生产　　　　　　　　　D. 生产批量不定

12.属于低合金结构钢的是( )。

A. 20CrMnTi　　　　B. Q345　　　　C. 35CrMo　　　　D. $60Si_2Mn$

13.HT200 适用于制造( )。

A. 机床床身　　　B. 冲压件　　　　C. 螺钉　　　　D. 重要的轴

14.钢为了提高强度应选用( )热处理。

A. 退火　　　　B. 正火　　　　C. 淬火＋回火　　　　D. 回火

15.橡胶制品是以( )为基础加入适量的配合剂组成的。

A. 再生胶　　　B. 熟胶　　　　C. 生胶　　　　D. 合成胶

16.链传动是由链条和具有特殊齿形的( )组成的传递运动和动力的传动。

A. 齿轮　　　B. 链轮　　　　C. 蜗轮　　　　D. 齿条

17.( )用来传递运动和动力。

A. 起重链　　　B. 牵引链　　　C. 传动链　　　　D. 动力链

18.齿轮传动是由( )、从动齿轮和机架组成。

A. 圆柱齿轮　　B. 圆锥齿轮　　C. 主动齿轮　　　D. 主动带轮

19.刀具材料的工艺性包括刀具材料的热处理性能和( )性能。

A. 使用　　　B. 耐热性　　　C. 足够的强度　　　D. 刃磨

20.( )是在钢中加入较多的钨、钼、铬、钒等合金元素,用于制造形状复杂的切削刀具。

A. 硬质合金　　　B. 高速钢　　　C. 合金工具钢　　　D. 碳素工具钢

21. 常用高速钢的牌号有（　　　）。

A. YG3　　　　　　　　　　　　　　　B. T12

C. 35　　　　　　　　　　　　　　　　D. W6Mo5Cr4V2

22. 使工件与刀具产生相对运动以进行切削的最基本运动，称为（　　　）。

A. 主运动　　　　　B. 进给运动　　　　　C. 辅助运动　　　　　D. 切削运动

23. 后刀面与切削平面在基面上的投影之间的夹角是（　　　）。

A. 前角　　　　　　B. 主偏角　　　　　　C. 副偏角　　　　　　D. 后角

24. 用于加工平面的铣刀有圆柱铣刀和（　　　）。

A. 立铣刀　　　　　B. 三面刃铣刀　　　　C. 端铣刀　　　　　　D. 尖齿铣刀

25. 游标量具中，主要用于测量直齿、斜齿的固定弦齿厚的工具叫（　　　）。

A. 游标深度尺　　　　　　　　　　　　B. 游标高度尺

C. 游标齿厚尺　　　　　　　　　　　　D. 外径千分尺

26.（　　　）上装有活动量爪，并装有游标和紧固螺钉的测量工具称为游标卡尺。

A. 尺框　　　　　　B. 尺身　　　　　　　C. 尺头　　　　　　　D. 微动装置

27. 测量精度为 0.02mm 的游标卡尺，当两测量爪并拢时，尺身上 19mm 对正游标上的
（　　　）格。

A. 19　　　　　　　B. 20　　　　　　　　C. 40　　　　　　　　D. 50

28. 下列哪种千分尺不存在（　　　）。

A. 分度圆千分尺　　　　　　　　　　　B. 深度千分尺

C. 螺纹千分尺　　　　　　　　　　　　D. 内径千分尺

29. 千分尺测微螺杆的移动量一般为（　　　）mm。

A. 20　　　　　　　B. 25　　　　　　　　C. 30　　　　　　　　D. 35

30. 公法线千分尺是用于测量齿轮的（　　　）。

A. 模数　　　　　　　　　　　　　　　B. 压力角

C. 公法线长度　　　　　　　　　　　　D. 分度圆直径

31. 用百分表测量时，测量杆应预先有（　　　）mm 压缩量。

A. 0.01—0.05　　　B. 0.1—0.3　　　　　C. 0.3—1　　　　　　D. 1—1.5

32. 磨削加工的主运动是（　　　）。

A. 砂轮旋转　　　　B. 刀具旋转　　　　　C. 工件旋转　　　　　D. 工件进给

33. 减速器箱体加工过程分为平面加工和（　　　）两个阶段。

A. 侧面和轴承孔　　　　　　　　　　　B. 底面

C. 连接孔　　　　　　　　　　　　　　D. 定位孔

34. 箱体加工时一般都要用箱体上重要的孔作（　　　）。

A. 工件的夹紧面　　　　　　　　　　　B. 精基准

C. 粗基准　　　　　　　　　　　　　　D. 测量基准面

35. 圆柱齿轮的结构分为齿圈和（　　　）两部分。

A. 轮齿　　　　　　B. 轮体　　　　　　　C. 孔　　　　　　　　D. 圆柱

36. 润滑剂的作用有润滑作用、冷却作用、( )、密封作用等。

A. 防锈作用 　　　　　 B. 磨合作用 　　　　 C. 静压作用 　　　　 D. 稳定作用

37. 润滑剂有润滑油、润滑脂和( )。

A. 液体润滑剂 　　　　　　　　　　　 B. 固体润滑剂

C. 冷却液 　　　　　　　　　　　　　 D. 润滑液

38. 常用固体润滑剂有( )、二硫化钼、聚四氟乙烯等。

A. 钠基润滑脂 　　　　 B. 锂基润滑脂 　　　 C. N7 　　　　　　 D. 石墨

39. 切削液渗透到了刀具、切屑和工件间,形成( )可以减小摩擦。

A. 润滑膜 　　　　　 B. 间隔膜 　　　　　 C. 阻断膜 　　　　 D. 冷却膜

40. 使用划线盘划线时,划针应与工件划线表面之间保持夹角( )。

A. 40°—60° 　　　　 B. 20°—40° 　　　　 C. 50°—70° 　　　 D. 10°—20°

41. 分度头的传动机构为( )。

A. 齿轮传动机构 　　　　　　　　　 C. 螺旋传动机构

C. 蜗杆传动机构 　　　　　　　　　 D. 链传动机构

42. 锉刀放入工具箱时,不可与其他工具堆放,也不可与其他锉刀重叠堆放,以免( )。

A. 损坏锉齿 　　　　　　　　　　　 B. 变形

C. 损坏其他工具 　　　　　　　　　 D. 不好寻找

43. 在板牙套入工件 2—3 牙后,应及时从( )方向用 90°角尺进行检查,并不断校正至要求。

A. 前后 　　　　　 B. 左右 　　　　　 C. 前后、左右 　　　 D. 上下、左右

44. 热继电器不具有( )。

A. 过载保护功能 　　　　　　　　　 B. 短路保护功能

C. 热惯性 　　　　　　　　　　　　 D. 机械惯性

45. 不属于电伤的是( )。

A. 与带电体接触的皮肤红肿 　　　　 B. 电流通过人体内的击伤

C. 熔丝烧伤 　　　　　　　　　　　 D. 电弧灼伤

46. 企业的质量方针不是( )。

A. 企业总方针的重要组成部分 　　　 B. 企业的岗位责任制度

C. 每个职工必须熟记的质量准则 　　 D. 每个职工必须贯彻的质量准则

47. 不属于岗位质量要求的内容是( )。

A. 对各个岗位质量工作的具体要求 　 B. 市场需求走势

C. 工艺规程 　　　　　　　　　　　 D. 各项质量记录

48. 不属于岗位质量措施与责任的是( )。

A. 明确岗位质量责任制度

B. 岗位工作要按作业指导书进行

C. 明确上下工序之间相应的质量问题的责任

D. 满足市场的需求

49. 蜗杆的零件图采用一个主视图和（　　）的表达方法。

A. 旋转剖视图 　　　　　　　　　　　　B. 局部齿形放大

C. 移出剖面图 　　　　　　　　　　　　D. 俯视图

50. 图样上符号⊥是（　　），公差叫（　　）。

A. 位置；垂直度 　　　　　　　　　　　B. 形状；直线度

C. 尺寸；偏差 　　　　　　　　　　　　D. 形状；圆柱度

51. Tr30×6 表示（　　）螺纹，旋向为（　　）螺纹，螺距为（　　）mm。

A. 矩形；右；12 　　　B. 三角；右；6 　　　C. 梯形；左；6 　　　D. 梯形；右；6

52. 偏心轴的结构特点是两轴线（　　）而不重合。

A. 垂直 　　　　　　B. 平行 　　　　　　C. 相交 　　　　　　D. 相切

53. 偏心轴零件图中偏心距 4±0.015 的公差是（　　）。

A. 0.03mm 　　　　　B. 0.015mm 　　　　C. 0.06mm 　　　　D. ±0.03mm

54. 零件图中的 B3 表示中心孔为（　　）型，中心圆柱部分直径为（　　）。

A. A；3mm 　　　　　B. B；3mm 　　　　C. A；0.3mm 　　　　D. B；0.3mm

55. 齿轮零件的剖视图表示了内花键的（　　）。

A. 几何形状 　　　　B. 相互位置 　　　　C. 长度尺寸 　　　　D. 内部尺寸

56. 齿轮的花键宽度 $8^{0.065}_{0.035}$，最小极限尺寸为（　　）。

A. 7.935 　　　　　B. 7.965 　　　　　C. 8.035 　　　　　D. 8.065

57. C630 型车床主轴（　　）或局部剖视图反映出零件的几何形状和结构特点。

A. 旋转剖 　　　　　B. 半剖 　　　　　C. 剖面图 　　　　　D. 全剖

58. CA6140 型车床尾座锁紧装置有（　　）和位置紧固装置。

A. 压板锁紧装置 　　　　　　　　　　　B. 偏心锁紧装置

C. 套筒锁紧装置 　　　　　　　　　　　D. 螺纹锁紧装置

59. 识读装配图步骤：(1)看标题栏和明细表，(2)分析视图和零件，(3)（　　）。

A. 填写标题栏 　　　B. 归纳总结 　　　C. 布置版面 　　　D. 标注尺寸

60. 画装配图的步骤和画零件图不同的地方主要是：画装配图时要从整个装配体的（　　）、工作原理出发，确定恰当的表达方案，进而画出装配图。

A. 各部件 　　　　　B. 零件图 　　　　C. 精度 　　　　　D. 结构特点

61. 若蜗杆加工工艺规程中的工艺路线长、工序多则属于（　　）。

A. 工序基准 　　　　B. 工序集中 　　　C. 工序统一 　　　D. 工序分散

62. 两拐曲轴工工艺规程中的工艺路线短、工序少则属于（　　）。

A. 工序集中 　　　　　　　　　　　　　B. 工序分散

C. 工序安排不合理 　　　　　　　　　　D. 工序重合

63. （　　）与外圆的轴线平行而不重合的工件，称为偏心轴。

A. 中心线 　　　　　B. 内径 　　　　　C. 端面 　　　　　D. 外圆

64. 相邻两牙在（　　）线上对应两点之间的轴线距离，称为螺距。

A. 大径 　　　　　　B. 中径 　　　　　C. 小径 　　　　　D. 中心

65.深孔加工时,由于刀杆细长,(　　　),再加上冷却、排屑、规察、测量都比较困难,所以加工难度较大。

　　A.刚性差　　　　　　B.塑性差　　　　　　C.刚度低　　　　　　D.硬度低

66.增大装夹时的接触面积,可采用特制的软卡爪和(　　　),这样可使夹紧力分布均匀,减小工件的变彩。

　　A.套筒　　　　　　　B.夹具　　　　　　　C.开缝套筒　　　　　D.定位销

67.伺服驱动系统由伺服驱动电路和驱动装置组成,驱动装置主要有(　　　)电动机,进给系统的步进电动机或交、直流伺服电动机等。

　　A.异步　　　　　　　B.三相　　　　　　　C.主轴　　　　　　　D.进给

68.编制数控车床加工工艺时,要进行以下工作:分析工件图样,确定工件(　　　)方法和选择夹具,选择刀具和确定切削用量,确定加工路径并编制程序。

　　A.装夹　　　　　　　B.加工　　　　　　　C.测量　　　　　　　D.刀具

69.空间直角坐标系中的自由体,共有(　　　)个自由度。

　　A.七　　　　　　　　B.五　　　　　　　　C.六　　　　　　　　D.八

70.工件的六个自由度全部被限制,使它在夹具中只有(　　　)正确的位置,称为完全定位。

　　A.两个　　　　　　　B.唯一　　　　　　　C.三个　　　　　　　D.五个

71.欠定位不能保证加工质量,往往会产生废品,因此是(　　　)允许的。

　　A.特殊情况下　　　　B.可以　　　　　　　C.一般条件下　　　　D.绝对不

72.重复定位能提高工件的(　　　),但对工件的定位精度有影响,一般是不允许的。

　　A.塑性　　　　　　　B.强度　　　　　　　C.刚性　　　　　　　D.韧性

73.操作(　　　),安全省力,夹紧速度快。

　　A.简单　　　　　　　　　　　　　　　　　B.方便

74.夹紧力的作用点应尽量靠近加工表面,防止工件振动变形。若无法靠近,应采用(　　　)。

　　A.圆锥销　　　　　　B.支撑钉　　　　　　C.支撑板　　　　　　D.辅助支撑

75.偏心夹紧装置是利用(　　　)工件来实现夹紧作用的。

　　A.轴类　　　　　　　B.套类　　　　　　　C.偏心　　　　　　　D.轮盘类

76.加工细长轴要使用中心架和跟刀架,以增加工件的(　　　)刚性。

　　A.工作　　　　　　　B.加工　　　　　　　C.回转　　　　　　　D.夹装

77.长度(　　　)的偏心件,可在三爪卡盘上加垫片使工件产生偏心来车削。

　　A.较长　　　　　　　B.较短　　　　　　　C.适中　　　　　　　D.很长

78.位公差要求较高的工件,它的定位基准面必须经过(　　　)或精刮。

　　A.平磨　　　　　　　B.热处理　　　　　　C.定位　　　　　　　D.铣

79.两个平面的夹角大于或小于(　　　)的角铁叫角度角铁。

　　A.60°　　　　　　　　B.90°　　　　　　　C.180°　　　　　　　D.120°

80.数控车床刀片与刀柄对车床(　　　)相对位置应保持一定的位置关系。

　　A.滑板　　　　　　　B.尾座　　　　　　　C.丝杠　　　　　　　D.主轴

81.精确作图法是在计算机上应用绘图软件精确绘出工件轮廓,然后利用软件的(   )功能进行精确测量,即可得出各点的坐标值。

A.测量　　　　　　　B.帮助　　　　　　　C.编辑　　　　　　　D.窗口

82.已知圆心坐标(   )、半径为 30mm 的圆方程是:$(z-80)^2+(y-14)^2=30^2$。

A.30,14　　　　　　B.14,80　　　　　　C.30,80　　　　　　D.80,14

83.数控车床以(   )轴线方向为 Z 轴方向,刀具远离工件的方向为 Z 轴的正方向。

A.滑板　　　　　　　B.床身　　　　　　　C.光杠　　　　　　　D.主轴

84.参考点与机床原点的相对位置由 Z 向与 X 向的(   )挡块来确定。

A.固定　　　　　　　B.液压　　　　　　　C.机械　　　　　　　D.铸铁

85.以机床原点为坐标原点,建立一个 Z 轴与 X 轴的(   )坐标系,此坐标系称为机床坐标系。

A.直角　　　　　　　B.极角　　　　　　　C.空间　　　　　　　D.直线

86.工件坐标系的(   )轴一般与主轴轴线重合 X 轴随工件原点位置不同而异。

A.附加　　　　　　　B.Y　　　　　　　　C.Z　　　　　　　　D.4

87.绝对编程和增量编程也可在(   )程序中混合使用,称为混合编程。

A.同一　　　　　　　B.不同　　　　　　　C.多个　　　　　　　D.主

88.如需数控车床采用半径编程,则要改变系统中的相关参数,使(   )处于半径编程状态。

A.系统　　　　　　　B.主轴　　　　　　　C.滑板　　　　　　　D.电机

89.插补过程可分为四个步骤:偏差判别、坐标(   )、偏差计算和终点判别。

A.进给　　　　　　　B.判别　　　　　　　C.设置　　　　　　　D.变换

90.终点判别是判断刀具是否到达。未到终点则继续进行(   )。

A.插补　　　　　　　B.车削　　　　　　　C.判别　　　　　　　D.走刀

91.逐点比较法直线插补中,当刀具切削点在(   )上或其上方时,应向+X 方向发一个脉冲,使刀具向+X 方向移动一步。

A.平面　　　　　　　B.圆弧　　　　　　　C.直线　　　　　　　D.曲面

92.加工圆弧时,可把当前刀具的切削点到圆心的距离与被加工圆弧的(   )相比较来反映加工偏差。

A.坐标　　　　　　　B.直径　　　　　　　C.半径　　　　　　　D.圆心

93.准备功能指令,由字母 G 和(   )位数字组成。

A.三　　　　　　　　B.一　　　　　　　　C.二　　　　　　　　D.四

94.G20 代码是(   )制输入功能,它是 GSK980TDa OTE—A 数控车床系统的选择功能。

A.英寸　　　　　　　B.公　　　　　　　　C.米　　　　　　　　D.国际

95.G28 代码(   )返回功能,它是 00 组非模态 G 代码。

A.机床零点　　　　　B.机械点　　　　　　C.参考点　　　　　　D.编程零点

96.G40 代码是(   )刀尖半径补偿功能,它是数控系统通电后刀具起始状态。

A. 取消   B. 检测   C. 输入   D. 计算

97. G65 代码是 GSK980TDa OTE—A 数控车床系统中的调用（　　）功能。

A. 子程序   B. 宏指令   C. 参数   D. 刀具

98. G71 代码是 GSK980TDa 数控车床系统中的外圆（　　）加工循环功能。

A. 超精   B. 精   C. 半精   D. 粗

99. 如在同一个程序段中指定了多个属于同一组的 G 代码时，只有（　　）面那个 G 代码有效。

A. 最前   B. 中间   C. 最后   D. 左

100. （　　）代码是 GSK980TDaOTE—A 数控车床系统中的每转的进给量功能。

A. G94   B. G98   C. G97   D. G99

101. M03 功能是主轴（　　），即从尾座方向看，该代码启动主轴以逆时针方向旋转。

A. 反转   B. 启动   C. 正转   D. 断电

102. 辅助功能指令，由字母 M 和其后的（　　）位数字组成。

A. 一   B. 三   C. 若干   D. 两

103. M23 功能是在（　　）切削循环中，该代码自动实现螺纹倒角。

A. 外沟槽   B. 螺纹   C. 内沟槽   D. 外圆

104. M99 指令功能代码是子程序结束，即使子程序（　　）到主程序。

A. 返回   B. 跳转   C. 嵌入   D. 设定

105. 以 5 或 10 为间隔选择程序段号，以便以后（　　）程序段时不会改变程序段号的顺序。

A. 删除   B. 编辑   C. 插入   D. 修改

106. F 功能是表示进给的速度功能，由字母 F 和其后面的（　　）来表示。

A. 单位   B. 数字   C. 指令   D. 字母

107. 刀具功能是用字母 T 和其后的（　　）数字来表示。

A. 三位   B. 二位   C. 四位   D. 任意

108. 用恒线速度控制加工端面、锥度、圆弧时，X 坐标不断变化，当刀具逐渐移近工件旋转中心时，主轴转速会越来越高，工件可能从卡盘中飞出。为防止事故发生，（　　）限定主轴最高转速。

A. 一般   B. 必须   C. 可以   D. 不一定

109. G50 指令所建立的坐标系，X 方向的（　　）零点在主轴回转中心线上。

A. 机械   B. 坐标   C. 机床   D. 编程

110. 程序段 G50　X200.0　Z263.0 表示（　　）距原点距离 X＝200，Z＝263。

A. 坐标   B. 刀尖   C. 卡爪   D. 工件

111. 当用绝对编程 G00 指令时，X，Z 后面的数值是（　　）位置在工件坐标系的坐标值。

A. 测量   B. 目标   C. 参考   D. 起点

112. 采用增量编程 G01 时，刀具则移至距当前点距离为（　　）值的点上。

A. U、W   B. X、Z   C. X、Y   D. I、K

113. G02 指令格式为：G02　X(U)—Z(W)—I—K—(　　)—。

　　A. T　　　　　　　B. F　　　　　　　C. C　　　　　　　D. L

114. 圆弧插补(G02、G03)指令中用地址(　　)或 U、W 指令圆弧的终点。

　　A. X、Y　　　　　　B. Y、Z　　　　　　C. G50　　　　　　D. X、Z

115. 当用半径 R 指定(　　)位置时，在同一半径 R 的情况下，从圆弧的起点到终点有两个圆弧的可能性。

　　A. 圆弧　　　　　　B. 曲面　　　　　　C. 圆心　　　　　　D. 内径

116. 暂停指令 G04 用于中断进给，中断时间的长短可以通过地址 X(U) 或(　　)来指定。

　　A. T　　　　　　　B. P　　　　　　　C. O　　　　　　　D. V

117. 圆柱螺纹、锥螺纹和端面螺纹均可由(　　)螺纹切削指令进行加工。

　　A. G32　　　　　　B. G33　　　　　　C. G34　　　　　　D. M33

118. 在切削(　　)螺纹时，指令可省略，其格式为：G32Z(W)＿＿＿　F＿＿＿。

　　A. Y(V)　　　　　　B. G01　　　　　　C. X(U)　　　　　　D. G00

119. 加工螺距为 2mm 圆柱螺纹，牙深为 1.299mm，其第一次(　　)量为 0.9mm。

　　A. 常量　　　　　　B. 走刀量　　　　　C. 被吃刀　　　　　D. 余

120. 每英寸 18 牙的英制螺纹，第二次进刀的被吃刀量为(　　)mm。

　　A. 0.6　　　　　　B. 0.5　　　　　　C. 0.3　　　　　　D. 0.4

121. 单一固定循环是将一个固定循环，例如切入→切削→退刀→返回四个程序段用(　　)指令可以简化为一个程序段。

　　A. G90　　　　　　B. G54　　　　　　C. G30　　　　　　D. G80

122. 螺纹加工循环指令中 I 为锥螺纹始点与终点的半径(　　)，I 值正负判断方法与 G90 指令中 R 值的判断方法相同。

　　A. 和　　　　　　　B. 差　　　　　　　C. 积　　　　　　　D. 平方

123. 在一些工件上，往往有几处的形状和尺寸相同或形状相似。此时可用子程序(　　)这些部分，然后通过主程序重复调用该子程序。

　　A. 表示　　　　　　B. 描述　　　　　　C. 控制　　　　　　D. 编辑

124. 具有刀具半径补偿功能的数控车床在编程时，不用计算刀尖半径中心轨迹，只要按工件(　　)轮廓尺寸编程即可。

　　A. 理论　　　　　　B. 实际　　　　　　C. 模拟　　　　　　D. 外形

125. 在执行刀具半径补偿命令时，刀具会自动(　　)一个刀具半径补偿值。

　　A. 插补　　　　　　B. 计算　　　　　　C. 偏移　　　　　　D. 建立

126. 刀具功能代码由字母 T 及四位数字组成，前两位数字表示刀具号，后两位数字表示刀具(　　)号。

　　A. 直径　　　　　　B. 半径　　　　　　C. 补偿　　　　　　D. 长度

127. 建立补偿和撤销补偿不能是圆弧指令程序段，一定要用 G00 或(　　)指令进行建立或撤销。

　　A. G07　　　　　　B. G30　　　　　　C. G04　　　　　　D. G01

128.接通电源后,检查操作面板上的各指示灯是否正常,各( )、开关是否处于正确位置。

A.按钮 B.手柄 C.坐标轴 D.参考点

129.工作完毕后,应使车床各部处于( )状态,并切断电源。

A.暂停 B.静止 C.原始 D.待机

130.图形交互式自动编程是采用鼠标和键盘,通过激活屏幕上的相应( ),画出工件图形轮廓,采用回答问题的方式输入刀具进给速度、主轴转速、走刀路径等信息将工件重工程字编制出来。

A.功能 B.窗口 C.菜单 D.影像

131.当对刀仪在数控车床上固定后,( )点相对于车床坐标系原点尺寸距离是固定不变的,该尺寸值由车床制造厂通过精确测量,预置在车床参数内。

A.对刀 B.参考 C.基准 D.设定

132.在紧急状态下按急停按钮,车床即停止运动,NC控制机系统清零,如机床有回零要求和软件( )保护。

A.过载 B.安全 C.加密 D.超程

133.按NC控制机电源接通按钮( )S后,荧光屏(CRT)显示出READY(准备好)字样,表示控制机已进入正常工作状态。

A.3—4 B.1—2 C.5 D.2.5

134.GRAPH键的功能是( )显示。

A.过程 B.图形 C.状态 D.主功能

135.在MDI状态下,按( )功能的"PRGRM"键,屏幕上显示MDI方式。

A.辅助 B.进给 C.主 D.子

136."JOG"键是使数控系统处于( )状态。

A.单段 B.锁住 C.点动 D.准备

137.将"状态开关"选在""位置,通过"步进选择"开关选择0.001—1mm的单步进给量,每按一次"点动按钮"( )架将移动0.001—1mm的距离。

A.挂轮 B.中心 C.跟刀 D.刀

138.进给倍率选择开关在点动进给操作时,可以选择点动进给量0—1 260( )。

A.mm/r B.cm/min C.r/min D.mm/min

139.当"快移倍率开关"置于F0位置时,执行低速快移,设定Z轴快移低速度为( )m/min。

A.12 B.18 C.4 D.20

140.液压卡盘必须处于( )状态,才能启动主轴。

A.工作 B.静止 C.卡紧 D.JOG

141.在自动循环操作时,按进给保持按钮,刀架立即停止,红色指示灯亮。如要使车床继续工作,必须按"循环启动按钮",( )"进给保持"状态。

A.取消 B.进入 C.执行 D.调整

142."空运转"只是在自动状态下快速检验程序运行的一种方法,不能用于实际的工件（   ）。

A.模拟   B.计算   C.定位   D.加工

143."程序保护开关"是（   ）开关,用于防止破坏内存程序。

A.钥匙   B.空气   C.限位   D.行程

144.按下按运屑器反转钮,指示灯亮,启动运屑器反转,松开时停止,当铁屑将运屑器卡位时,按此按钮可将铁屑（   ）。

A.压入   B.流入   C.脱开   D.拉断

145.按下"（   ）"按钮,解除控制机报警状态,机床即可恢复正常工作状态。

A.RESET   B.AUX   C.ON   D.OFF

146.程序段"N0010 M03 S400 T0101;"表示主轴正转,转速 400r/min,调（   ）号刀,刀补号01。

A.3   B.4   C.10   D.1

147.选好量块组合尺寸后,将量块靠近工件放置在检验平板上,用百分表在量块上校正对准（   ）。

A.尺寸   B.工件   C.量块   D.零位

148.量块除作为长度基准进行尺寸传递外,还广泛用于（   ）和校准量具量仪。

A.鉴定   B.检验   C.检查   D.分析

149.量块使用后应擦净,（   ）装入盒中。

A.涂油   B.包好   C.密封   D.轻轻

150.圆锥齿轮的零件图中,锥度尺寸计算属于（   ）交点尺寸计算。

A.理论   B.圆弧   C.直线   D.实际

151.已知直角三角形一直角边为（   ）mm 它与斜边的夹角为 $23°30'17''$,另一直角边的长度是 28.95mm。

A.60.256   B.56.986   C.66.556   D.58.541

152.测量两平行非完整孔的（   ）时应选用内径百分表、内径千分尺、千分尺等。

A.位置   B.长度   C.偏心距   D.中心距

153.测量两平行非完整孔的中心距时,用内径百分表或杆式内径千分尺（   ）测出两孔间的最大距离,然后减去两孔实际半径之和,所得的差即为两孔的中心距。

A.同时   B.间接   C.分别   D.直接

154.正弦规是利用三角函数关系,与量块配合测量工件角度和锥度的（   ）量具。

A.精密   B.一般   C.普通   D.比较

155.使用正弦规测量时,当用百分表检验工件圆锥上母线两端高度时,若两端高度不相等,说明工件的角度或锥度有（   ）。

A.误差   B.尺寸   C.度数   D.极限

156.使用中心距为 200mm 的正弦规,检验圆锥角为（   ）的莫氏圆锥塞规,其圆柱下应垫量块组尺寸是 5.19mm。

A.2°29′36″   B.2°58′24″

C.3°12′24″   D.3°02′33″

157.多线螺纹工件图样中,未注公差处按公差技术等级(   )加工。

A.IT13   B.IT12   C.IT8   D.IT18

158.多线螺纹的量具、辅具有游标卡尺、(   )千分尺、量针、齿轮卡尺等。

A.测微   B.公法线   C.轴线   D.厚度

159.测量法向齿厚时,应使尺杆与蜗杆轴线间的夹角等于蜗杆的(   )角。

A.牙形   B.螺距   C.压力   D.导程

160.测量法向齿厚时,先把齿高卡尺调整到齿顶高尺寸,同时使齿厚卡尺的(   )面与齿侧平行,这时齿厚卡尺测得的尺寸就是法向齿厚的实际尺寸。

A.侧   B.基准   C.背   D.测量

得　分	
评分人	

二、判断题(第 **161** 题～第 **200** 题。将判断结果填入括号中。正确的填"√",错误的填"×"。每题 **0.5** 分,满分 **20** 分)

(   )161.从业者从事职业的态度是价值观、道德观的具体表现。

(   )162.正投影法是投射线与投影面平行。

(   )163.在装配图上标注配合代号(18H7/p6),表示这个配合是基轴制配合。

(   )164.按摩擦性质不同螺旋传动可分为传动螺旋、传力螺旋和调整螺旋三种类型。

(   )165.碳素工具钢和合金工具钢的特点是耐热性好,但抗弯强度高,价格便宜等。

(   )166.高速钢的特点是高塑性、高耐磨性、高热硬性,热处理变形小等。

(   )167.车床主轴箱齿轮精车前热处理方法为高频淬火。

(   )168.低压断路器不具备过载和失压保护功能。

(   )169.按钮一般与接触器、继电器等配合使用,实现对主电路的通断控制。

(   )170.不能随意拆卸防护装置。

(   )171.各类工业固体废弃物,不得倾倒在江河湖泊或水库之内。

(   )172.环境保护是指利用政府的指挥职能,对环境进行保护。

(   )173.画零件图时可用标准规定的统一画法来代替真实的投影图。

(   )174.C630 型车床主轴部件前端采用双列圆柱滚子轴承,主要用于承受切削时的径向力。

(   )175.数控车床结构大为简化,精度和自动化程度大为提高。

(   )176.数控车床切削用量的选择,应根据数控原理并结合实践经验来确定。

(   )177.夹紧力既不能太大,也不能太小。太大会使工件变形,太小则不能保证工件在加工中的正确位置。

(   )178.镶嵌式车刀可分为杠杆式和机夹式。

(   )179.I、K 方向取决于从圆弧起点指向终点与坐标轴方向的同异。

（　　）180.数控车床的日常保养主要有：接通电源前、接通电源后、车床运转后三个方面。

（　　）181.操作者可以超性能使用数控车床。

（　　）182.对于加工形状简单、计算量小、程序不多的零件，采用手工编程较容易，而且经济、及时。

（　　）183.自动编程系统的输入方式有两类：语言式（包括符号式）输入和图形式输入。

（　　）184.数控语言是由字母、汉字及规定好的一套基本符号。

（　　）185.对刀的方法一般可分为机外对刀和机内对刀两大类。

（　　）186.位置显示键 POS 的用途是在 CRT 显示机床现在的位置。

（　　）187.数控系统通过状态选择开关可选择不同的工作状态。

（　　）188.字的插入、变更、删除在自动方式下进行。

（　　）189.按＋X、＋Z 方向点动按钮，不可以在 X、Z 两方向实现联动。

（　　）190.液压卡盘必须处手卡紧状态，才能启动主轴。

（　　）191."循环启动按钮"只有在复位状态下起作用。

（　　）192.程序中的带有"/"标记的程序段表示程序执行转到无"/"标记的程序段。

（　　）193.车床导轨润滑系统注油，分为自动和手动两种。

（　　）194.程序段 G92 X 50.0 Z－32 F3.0；是圆锥螺纹加工循环。

（　　）195.当检验高精度轴向尺寸的零件时应把其放在活动表架上检测。

（　　）196.测量偏心距为 5mm 偏心轴时，工件旋转一周，百分表指针应转动五圈。

（　　）197.测量偏心距时，应把 V 形架放在检验平板上，工件放在 V 形架中检测。

（　　）198.测量圆锥体小端直径的计算公式中 $\alpha/2$ 表示圆锥半角。

（　　）199.测量外圆锥体的计算公式中"R"表示量棒直径，单位：mm。

（　　）200.用钢球可直接测量出内圆锥体的圆锥角。

附录二   数控车床各项目练习图

练习图(一)   毛坯料为 Ø32mm×65mm

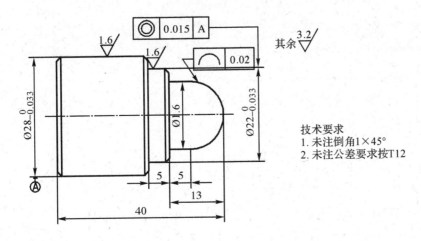

技术要求
1. 未注倒角1×45°
2. 未注公差要求按T12

编程内容:

练习图(二)　　　**毛坯料为 Ø30mm×60mm**

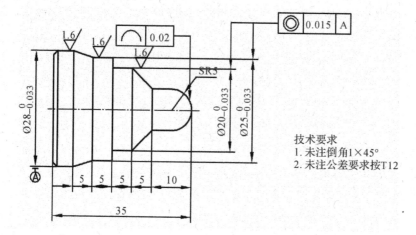

技术要求
1. 未注倒角1×45°
2. 未注公差要求按T12

编程内容：

练习图（三）　　　　　毛坯料为 Ø40mm×55mm

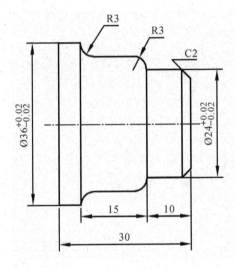

技术要求
1. 未注倒角1×45°
2. 未注公差要求按T12

编程内容：

练习图(四)   **毛坯料为 ⌀32mm×65mm**

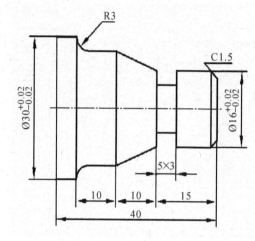

技术要求
1. 未注倒角1×45°
2. 未注公差要求按T12

编程内容:

练习图（五）　　　毛坯料为 Ø40mm×75mm

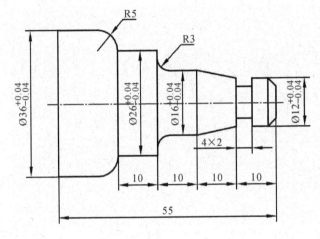

技术要求
1. 未注倒角1×45°
2. 未注公差要求按T12

编程内容：

练习图(六) 　　　　毛坯料为 Ø32mm×65mm

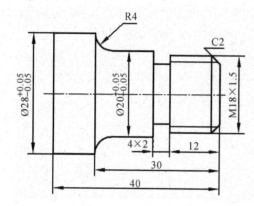

技术要求
1. 未注倒角1×45°
2. 未注公差要求按T12

编程内容：

练习图(七) 毛坯料为 Ø40mm×65mm

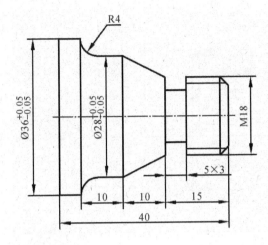

技术要求
1. 未注倒角1×45°
2. 未注公差要求按T12

编程内容:

练习图（八）　　　　**毛坯料为 Ø40mm×76mm**

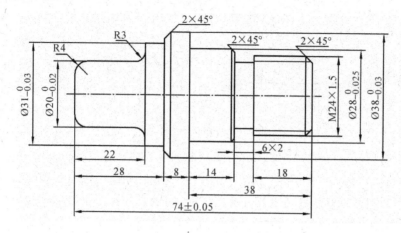

技术要求
1. 未注倒角1×45°
2. 未注公差要求按T12

编程内容：

练习图（九）　　　　毛坯料为 Ø40mm×94mm

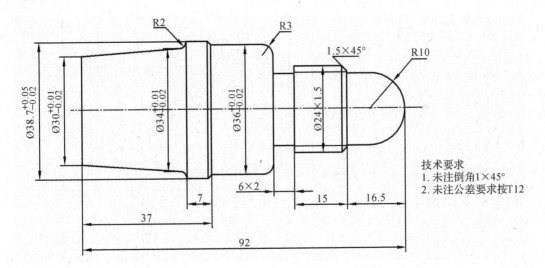

技术要求
1. 未注倒角1×45°
2. 未注公差要求按T12

编程内容：

练习图(十)　　　　**毛坯料为 Ø40mm×76mm**

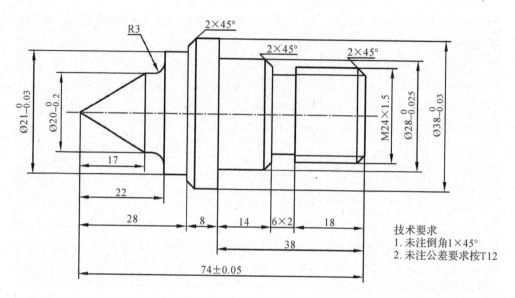

技术要求
1. 未注倒角1×45°
2. 未注公差要求按T12

编程内容：

练习图（十一）　　毛坯料为 Ø40mm×80mm 塑料棒

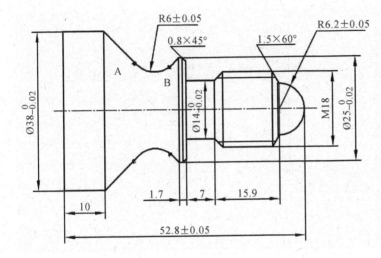

A(24.156, −42.045)
B(21.344, −35.751)
技术要求
1. 未注倒角1×45°
2. 未注公差要求按T12

编程内容：

练习图(十二)　　　**毛坯料为 Ø40mm×100mm**

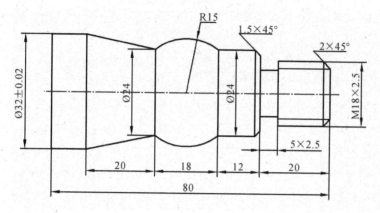

技术要求
1. 未注倒角1×45°
2. 未注公差要求按T12

编程内容：